这是

....

的书

生命的秘密

从草履虫到达尔文

[荷]**扬·保罗·舒腾** Jan Paul Schutten —— 著

[荷]**弗洛尔·李德** Floor Rieder —— 绘

王奕瑶 —— 译

人民文学出版社

PEOPLE'S LITERATURE PUBLISHING HOUSE

目录

前言

　　一颗异常炎热、嘶嘶冒泡的行星，平静地围绕着太阳旋转了大约四十亿年，然后，发生了一件不可思议的事情——生命在这嘶嘶声和沸腾的泡泡中诞生了。没有人知道这究竟是怎么发生的，但我们都非常清楚结果。各种各样由微粒构成的紫色、黄色和白色的黏液覆盖了这颗行星。这些具有生命的黏液在温暖的水坑里、海洋的边缘或是火山岩浆凝固后形成的熔岩孔洞里繁衍生息。那一定很臭，就像硫黄、臭鸡蛋、臭屁和臭袜子般的味道。然而，随着时间的推移，从那一团团的黏液里又慢慢演变出了其他生物，比如蠕虫和蜗牛，真菌和藻类。从那时起，在我们称之为"地球"的行星的表面，就挤满了各种各样的生物。

　　生命第一次以细菌形式出现的四十亿年后，这颗星球上才有了人类。人类虽然也是一种动物，但是非常独特，唯有人类思考一些复杂的问题：今天该穿哪双袜子？明天天气怎么样？水为什么是湿的？生命从何而来？所有的动植物都是怎么出现的？人类又是从哪里来的？通常只有孩子才会提出这类问题（大人一般会想：哦，本来就是这样嘛！），因为孩子总是充满好奇，什么都想知道。幸好还有一部分大人仍然留存着这份好奇心，他们成为了学者，潜心研究这个包罗万象的世界。物理学家可以解释为什么水是湿的；生物学家可以告诉我们为什么虫子有生命而石头却没有，以及为什么屁是臭的；古生物学家可以准确地算出霸王龙的后腿有多大。于是，我们就越来越了解这个世界。我们现在基本准确地知道了宇宙和地球的年龄，明白了动物和植物在几亿年的进程里是如何出现的，以及为什么牛是鲸的远亲，它们的关系比牛和马的还近。

　　这一切该如何解释呢？科学家们善于研究各种各样复杂的问题，然而要将这些问题解释清楚可就没那么容易了，而记者或者作家更适合来做这项工作。扬·保罗·舒腾（Jan Paul Schutten）就是这样一位作家，他很善于将复杂的问题解释清楚。在这本书中，他解释了很多问题，你可能要反复阅读才能理解。更重要的是，他还向我们介绍了迄今仍未知的一些问题。我们仍然不知道最初的生命是如何诞生的，是自然发生的呢还是来自外星，抑或是上帝的杰作？对一些科学问题，人们或多或少都会产生一些疑问。正因如此，科学才这么有趣：你如果一直保持好奇心，就能一直提出新的问题。宇宙的外面是什么？太阳还能发光发热多久？如果恐龙是鸟类的祖先，那么恐龙真的灭绝了吗？第一个现代人类出现在哪里？我很喜欢这本书，你呢？

鹿特丹自然史博物馆前馆长

耶勒·热尤墨尔（Jelle Reumer）

真正开始前

本书中有时会出现一些天文数字，一些让你根本没有概念的超大数字。比如这本书的主角之一，提塔利克鱼，就生活在三亿七千万年前。我们有一千亿个脑细胞，体内有上万亿个细菌。究竟这些数字有多大呢？下面的表格将数字换算成时间和距离，以便让你更好地理解百万、十亿、万亿这些超大数字。

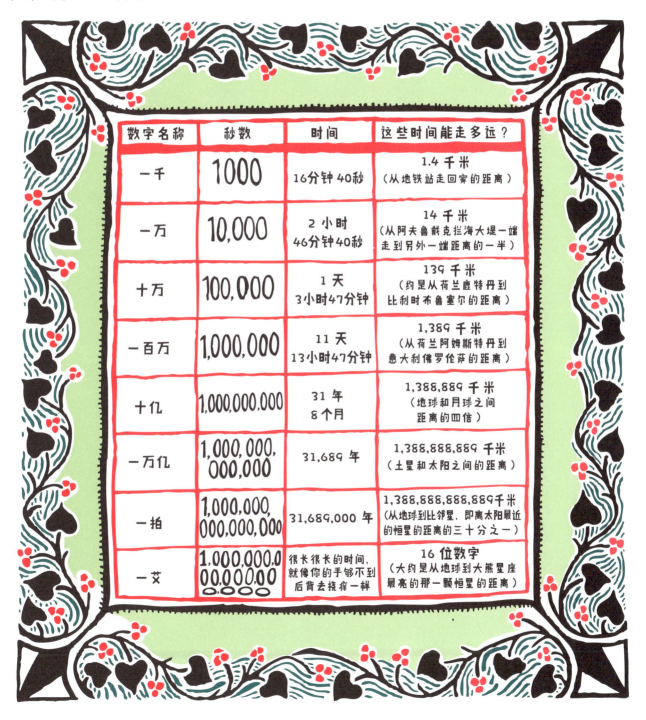

数字名称	秒数	时间	这些时间能走多远？
一千	1000	16分钟40秒	1.4 千米（从地铁站走回家的距离）
一万	10,000	2小时46分钟40秒	14 千米（从阿夫鲁戴克拦海大堤一端走到另外一端距离的一半）
十万	100,000	1天3小时47分钟	139 千米（约是从荷兰鹿特丹到比利时布鲁塞尔的距离）
一百万	1,000,000	11天13小时47分钟	1,389 千米（从荷兰阿姆斯特丹到意大利佛罗伦萨的距离）
十亿	1,000,000,000	31年8个月	1,388,889 千米（地球和月球之间距离的四倍）
一万亿	1,000,000,000,000	31,689 年	1,388,888,889 千米（土星和太阳之间的距离）
一拍	1,000,000,000,000,000	31,689,000 年	1,388,888,888,889千米（从地球到比邻星，即离太阳最近的恒星的距离的三十分之一）
一艾	1,000,000,000,000,000,000	很长很长的时间，就像你的手够不到后背去挠痒一样	16 位数字（大约是从地球到大熊星座最亮的那一颗恒星的距离）

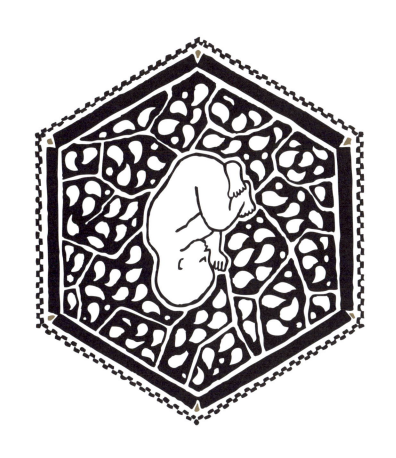

奇迹、谜团和关于你的奥秘

我们为什么要为草履虫鼓掌？

来，让我们起立，给草履虫一轮热烈的掌声。给谁？没错，草履虫，一种比字母"i"上面那一个点还小的生物。可是我们为什么要为它鼓掌呢？这种生物有什么特别之处？单凭它是活生生的，就值得拥有雷鸣般的掌声。这可没你想象的那么简单！下面让我来告诉你原因。

丹麦教授亨利克·夏弗（Henrik Scharfe）根据自己的样子设计并制造了一个机器人。当教授和机器人并肩站在一起的时候，人们要多看几眼才能分辨出谁是真人，谁是机器人。目前这个机器人还做不了太多的事情，只是可以稍稍移动一下。虽然它看起来像极了它的创造者，但仅此而已，它甚至连话也不会说。即使是这样，我也可以向你保证，未来一定会出现一种智能机器人，它不只是外表和人类一样，还能够机智地回答你的问题，甚至能和你踢球。不出三十年，我们应该就能造出这样的机器人。但是要造出一个草履虫？那简直要难上几千倍。

小小的草履虫能做的事极其有限。它可以游一会儿泳，用它那细微的绒毛蛙泳。它喜欢喝臭水沟里的水，吃水里的细菌，然后将所喝的水以排尿的方式排出体外。嗯，排尿，其实更像出汗。它可以和另外一只草履虫交配或者自我分裂，变成两只草履虫。除此之外，它基本上，呃，什么都不会。

安息吧
草履虫

2013年
2月18日
—
2013年
2月20日

"你一生
的两天很
精彩!"

有什么是草履虫能做到，但聪明的机器人却做不到的？

草履虫会做的事情可能还没有夏弗教授的机器人多，但是它会做一件机器永远做不到的事情：死亡。当然，机器人会出故障，但那是另一回事儿。损坏的东西通常可以修好，死亡的东西却永远无法复活。生命就是如此特别，地球上存在的无数生命都是如此。

草履虫是有生命的，而机器人没有，这就是两者最大的区别。不过，它们之间也有共同点，其中之一就是：它们都是由无生命的物质构成的。所有你看得到、看不到的东西，都是由原子和分子构成的，它们是构成宇宙万物的微粒。从草履虫到树木、恒星、行星、兔子饲料、邻居汉克叔叔、黄瓜、邋遢大王尤斯·格罗杰斯 (Jos Grootjes) 的臭袜子、云、奶油泡芙和机器人，是的，就连嘎嘎小姐 (Lady Gaga) 也是由原子构成的。而原子是完全无生命的东西，就像一块砖头、一捧黏土或一块乐高积木。生命怎么可能是由这些没有生命的原子构成的呢？地球上的生命从何而来？草履虫是从哪里来的？我们都是从哪里来的？宇宙的其他地方会不会也有生命存在？你将从这本书里找到这些问题的答案。

单细胞？

　　草履虫是一种非常简单的生物，仅由一个细胞组成。所有的生物都是由细胞构成的，正如你周围的所有物质都是由原子构成的。细胞当然是由原子组成的。只是原子是没有生命的，而细胞是活生生的。如果你仔细研究，就会发现：在显微镜下，可以看到所有细胞都在打转、晃动。如果你可以把自己缩小，然后钻进一个细胞里，那么你肯定会恨不得马上跑出来，因为里面简直就是拥堵的高速路、急流、龙卷风和雪仗的混合体。

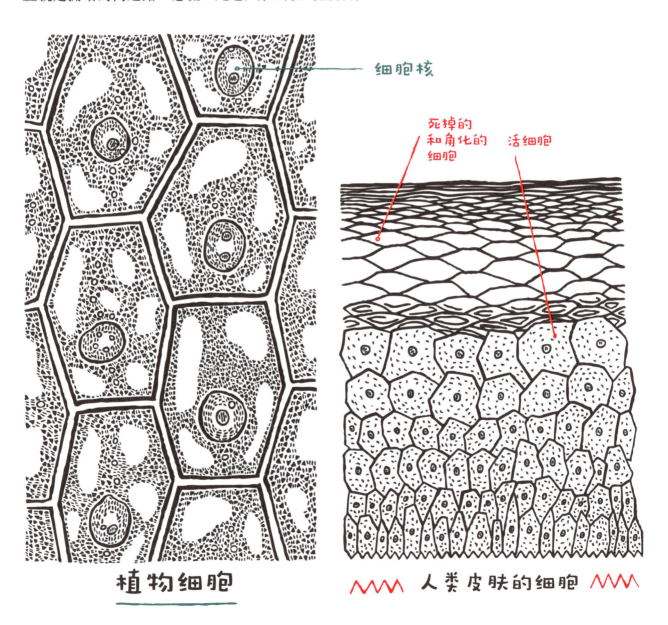

细胞核

死掉的
和角化的
细胞

活细胞

植物细胞

人类皮肤的细胞

你是由多少个细胞组成的?

一个细胞的组成部分比亨利克·夏弗教授制造的二十个机器人的零件加起来还多。可是细胞很小,用肉眼无法看到。你可以看到的生物,就是由很多个细胞组成的。究竟有多少个呢?就拿你本人举个例子吧,你是由,呃,我算算呀……二、三、五、八、九,哦不,哦是的,大概四十万亿个细胞组成的,而且所有的细胞都是你迫切需要的!

当你读完这句话时,你体内大约已经造出了一千万个红细胞,它们就像微型货车一样,将你需要的氧气输送到身体的各个角落。如果没有氧气,你体内的其他细胞就会死亡。与此同时,你还有几万亿个肠道细胞,它们加起来的面积有一个网球场那么大。这些细胞确保你摄入的食物转化为身体需要的热量。要是没有这些热量,你一定会死掉。那么组成你心脏的细胞呢?你的心脏是永不疲倦的肌肉,它每一秒、每一分、每一天、每一年都在跳动,夜以继日,从不间歇。心脏通过血管系统输送血液,这些静脉、动脉和毛细血管的长度加起来可以绕地球整整两圈。

细胞是活的,所以也会死去。幸运的是,你的体内有专门的细胞负责清理并消灭死亡的细胞。如果一段时间没打扫房间,你就可以看到一些死亡的细胞。你家的灰尘中的很大一部分是死亡的皮肤细胞。每分钟你皮肤的角质层都会脱落三万个细胞,一年共计4千克。因此,不出几星期,你所有旧的皮肤细胞就会被新的皮肤细胞取代。

为了保持健康,你体内究竟发生了什么?

你的身体内一直在发生着什么。我只简单地举了几个例子,而实际上每秒钟都有几百万件事情同时发生。这一切都由你的大脑控制。人的大脑由大约一千亿个脑细胞组成,它们的数量和银河系的星星数量差不多。这些脑细胞使你能够做世界上所有电脑加在一起都无法完成的事情。就像机场的交通指挥塔一样,脑细胞可以指挥你身体内的其他细胞各尽其职。它们是你最重要的,也是最复杂的细胞。

看到上面的数字,是不是有点头晕?那我的目的就达到了。你不必记住这些数字,也不用数出它们的位数。我只是为了让你知道,你的身体是多么复杂,多么不可思议!这些细胞本身就已经够特别的了,可当它们在你体内组合在一起各司其职的时候,才更神奇呢!因为它们形成了你:一个会思考、会运动、会说话、会读书、会笑的奇迹。

明白了吧?如果你刚才为草履虫鼓掌了,那现在请给自己来点掌声。来吧!

小小的奇迹

　　你是奇迹，草履虫是奇迹，邋遢大王的臭袜子也是奇迹。我指的当然不是袜子本身，而是袜子里的细菌。因为一切生命都是奇迹。不信你可以试试，你能让没有生命的东西变得有生命吗？你能用乐高积木搭一株鲜活的植物吗？当然不能。

　　原子就像乐高积木一样没有生命。然而，几亿年来，在这个充满生命力的星球上，繁盛的生命却是由这些毫无生命力的原子构成的。这难道不是一个奇迹吗？还有更疯狂的呢！你也许认为这本书是我一个人完成的，这么想只对了一半。我身体里大约有 1.5 千克的细菌，没有它们，这本书也许永远不会问世。如果没有这些小小的生物，我很快就死了。细菌将我肠道内的食物分解转化为身体所需的物质和能量，将剩下的排出体外。所以说，这些细菌都是非常有用的。你的身体表面也有不少细菌，光你的鼻尖上面就有大约一千万个，大脚趾上也一样，还有每一寸皮肤上。不过大部分细菌还是在你体内。

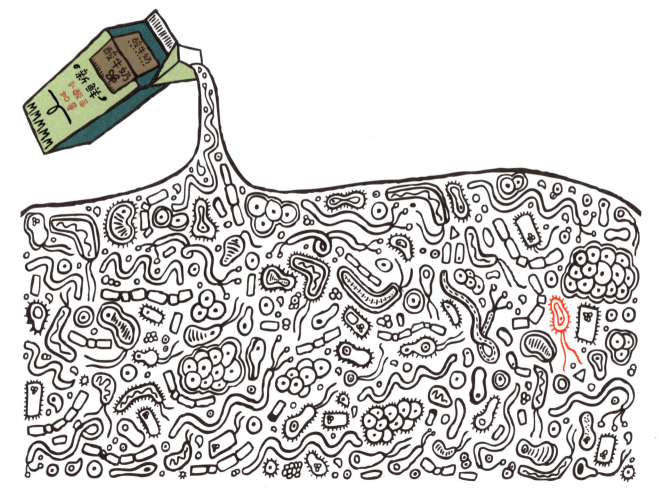

细菌是什么样的?

从你出生起,细菌就开始存在了。当你在妈妈肚子里的时候,体内还没有细菌,它们主要是通过母乳进入你身体的。很快,它们就会建立一个"殖民地",此后这些微小的同伴就生活在你的身体里面了。除非生病了,不然它们的数量不会多也不会少。因此,你永远不会孤单。让我来介绍一下你体内的这些"居民"吧。

草履虫已经很小了,但细菌更小、更微不足道,要不然它也不会出现在草履虫的菜单上了。细菌的内部就像一个桶状的容器,不时地有小球以火箭般的速度射出。细菌的形态各异:球形、螺旋形、杆状、逗号形状或一串葡萄形状,带着或是不带着小尾巴。我们把这条小尾巴叫作"鞭毛",它每分钟能够旋转十万次,就像一台自行运转的发动机,不过它可比任何人类造出的发动机要复杂得多。这些微小生物的结构非常精妙,大学里最聪明的技术人员也制造不出来……

细菌的味道如何?

地球上到处都有细菌,从生命诞生之初就存在了。它们是最成功的生物,人们目光所及之处都有细菌的身影。只是,除非几十亿个细菌堆在一起,否则你看不见它们。不过,你能尝到它们的味道——酸菜、酸奶和变质的牛奶里面的酸味都是由细菌而来。细菌太常见了,想不接触到都难。

身体里有益的细菌可以保证你的健康,但有害的细菌可能致命。因此,手术室必须打扫得一尘不染,医生们要身穿特殊的无菌服。如果他们穿这种衣服在餐厅或是户外吃饭,会立刻变成细菌携带者,进入手术室时就需要换上新的无菌服。如果手术室里有人粗心大意,细菌也会趁虚而入——几分钟内,手术室里就会爬满比这本书上的字还要多的细菌。细菌太顽强了,以至于人们几乎无法做到长期除菌。有的细菌甚至可以生活在火箭表面,进行长达一年的外星之旅。

为细菌鼓掌?

我们要为这些极其微小的生物鼓掌。细菌是地球上最简单的生命形式,介于生命体和非生命体之间,同时也是最古老的生命形式。它们存在于最深的海洋和最高的山脉、最寒冷的极地圈和最炎热的沙漠、最毒的湖泊和最危险的火山地带。仅仅一勺泥土里的细菌数量就比整个地球上人类的数量还多。细菌很特别,更重要的是,没有它们,我们现在所知道的地球上的其他生命就不会存在。

你说什么?鼓掌?为细菌?哦不,你疯了吧!谁会为细菌鼓掌?

球菌　　螺旋菌　　芽孢杆菌　　葡萄球菌　　弧菌　　鞭毛

黑色的怪物及其死亡

细菌形状各异，大小也各有不同，有些甚至会发光！海里的一些掠食鱼可不能没有它们，比如深海鮟鱇。这种巨型鱼的背鳍第一棘上方有一个皮瓣，尾端有个小口袋，里面装满了发光的细菌，就像一个摇晃的小灯笼。这些细菌在清澈的浅水区域没什么作用，但是深海鮟鱇生活在海洋深处，那里漆黑一片，连一丝阳光都无法照射进去，比夜晚没有月光照射的废弃矿场还黑。正因如此，这些小小的光亮才显得格外瞩目。鮟鱇潜伏在海底不动，不断摆动着头顶的"小灯笼"，吸引各种好奇的小鱼。但这些小鱼永远都不会知道这些光的来头了，因为它们一旦靠近，鮟鱇就会张开大嘴，以惊人的速度将小鱼们直接吞进肚子里。可怜吧？是啊，所有猎物（也就是被吃掉的动物）都逃不过这样的命运。

有什么比死亡更可悲？

想象一下，假如所有的鱼都不会死，那才悲哀呢！一条鱼每年大约产一百颗卵，这些卵会长成一百条鱼。如果这些鱼再繁殖后代，那就是一百的一百倍：一万条鱼。如果这些鱼再继续繁衍，就会有一百万条鱼，这仅仅花了三年时间！一年后，就是一亿条鱼。接着再过一年，一百亿。再再过一年……呃……更多更多的鱼。照这个速度下去，十年内整个地球就会被一层层数米高的鱼和鱼卵覆盖。那当然是不行的！

因此，动物最终会死其实是好事。和人类一样，动物有时候也会老死，可是鱼类没有助行架，没有假牙和养老院，因而早点被掠食者吃掉可能比孤苦伶仃地度过风烛残年更好。这么看来，大自然运作得简直是无懈可击：草履虫吃细菌，小鱼吃草履虫，大鱼吃小鱼，以此类推。动物就是以这样的方式保持着数量平衡，因而在很长的时期内，某些物种的数量不会过多。大自然已经这样运转了几亿年，否则，你和我都不会存在。我们不禁要喊道："大自然万岁！"

有什么比大自然运转得更好？

世界上最聪明的人也无法构造出比大自然更好的系统。事实上，如果人类干涉动物和植物界，反而会弄得一团糟。在花园、公园和水族馆里，工作人员竭尽全力保证生物健康地活着：喂养动物，给植物浇水，除草……这些工作都要持续不断地进行。而在森林、热带雨林和海洋里，万物却自然而然地繁衍生息，无论春夏秋冬、寒冬酷暑，天天如此。大自然的运转，也是一个奇迹！

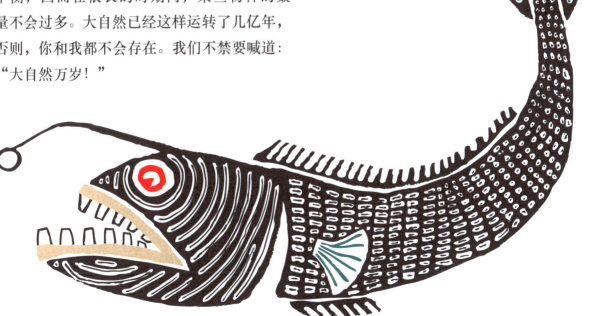

还有一个奇迹

在这本书进入正题之前，我还得再提一下最后一个奇迹。这个奇迹就是我们自己——你、我、邋遢大王，以及所有诞生在这个世界上的生物。不过，我们先来说说你。你多大了？十岁，十二岁，或是更大？不管什么年龄，你都应该再多加上个几十年。因为，你身上有非常小的一部分在你妈妈还在摇篮里之前，就已经存在了！你来自你妈妈的一个卵细胞。这个细胞在她出生前几周就已经在她的身体里了。在你出生前九个月左右，这个卵细胞和你爸爸的一个精子细胞结合。从那个时刻起，你就正式存在了——即使那时你只是一个单细胞。

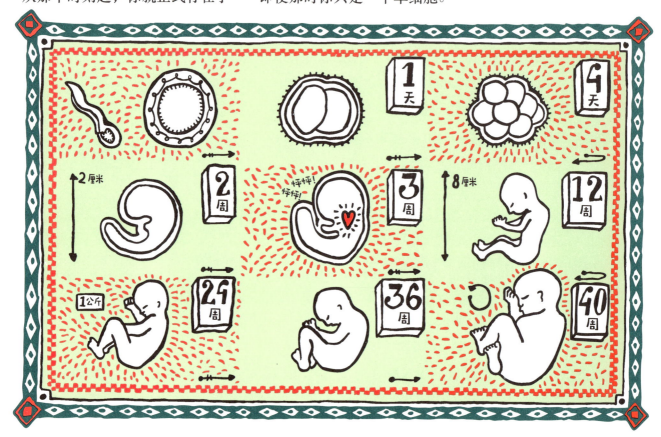

你是怎么来的？

一切就这样发生了。这个细胞开始分裂倍增，一倍又一倍。两个细胞变成四个，然后八个、十六个、三十二个……一直持续了好几天，那时的你就是一个细胞不断分裂而来的微小肉球。大概十四天后，非常奇特的事情又发生了。细胞不再分裂，它们看上去像是在进行一项特殊的计划：有的细胞变成了心脏，有的变成了大脑，还有的变成了骨骼——就这样，那个几乎看不到的小肉球似乎有了一点人形。你拥有了身体的正面、背面、上半身和下半身。

普塔　　特佩乌和库库尔坎　　上帝

三周后，虽然你还是比米粒大不了多少，但是你已经到达了一个新的里程碑：你的心脏开始跳动！如果顺利，它还将继续跳动至少二十五亿次。一周后，你会开始出现小分支，这些小分支会逐渐长成手和脚。慢慢地，其他部位也开始成长。当你十二周大时，看上去几乎就像是一个真正的小宝宝了。不过要出生还为时过早，因为你太小了，无法在母亲的子宫外生存，尤其是大脑部分，还需要进一步生长。在这个阶段，你大约每秒钟会长出八千个脑细胞。因此，当你出生的时候，和其他部位比起来，大脑会显得特别大。

大自然是如何完美运转的？

九个月后，这一时刻终于到来：你该出生了！你从一个细胞生长发育成了一个小小的人儿，以完美的身体准备好了迎接这个世界。但是，细胞是怎么知道自己必须分裂的呢？其中的一部分细胞是怎么知道它们要变成心脏、肺、右鼻孔，还是左手的小拇指？这难道不是一个奇迹吗？不仅仅是你，其他一切生物都如此，不然怎么会有所有的动植物？是谁让大自然这样完美？

世界上每一个民族都思考过这个问题，进而得出了相同的答案：所有一切必然是由一位神构思和创造的。比如古埃及孟斐斯地区认为

普塔（Ptah）创造了万物。他构想出地球上应该有哪些生物，然后念出其名字。一旦他大声说出名字，这一生灵就存在了。玛雅人相信世间一切生物都是由特佩乌（Tepeu）和库库尔坎（Gucumatz）两位神创造的。他们造出了所有的动物和植物，并且坚信自己的功绩值得被崇敬。因此，他们又造出了人类来崇拜他们的创造。基督教等教徒认为，上帝在六天时间内创造了世间万物，在最后一天创造了人类——亚当和夏娃。此外，还有许许多多其他关于创世的故事。

谁能证明生命是如何诞生的？

过去，很少有人怀疑地球上活着的动物、植物都是神创造的。然而，各民族都有各自不同的关于创世的故事。这些故事之间往往差别很大，直到今天仍然如此。如果随机问十个不文化背景的人关于地球上生命的起源，你会得到十个不同的答案。

那么，谁才是对的呢？没有一个创世故事被证明。科学家们因此展开对地球和外星生命诞生的研究，这也是此书的主题。科学家们认为生命是从何而来的？他们是如何获得这些知识和信息的？更为重要的是：科学家们能否证明他们的理论？

— 第二部分 —

地球的年龄有多大？

2÷6×3……上帝一定是在六点前完成了创世

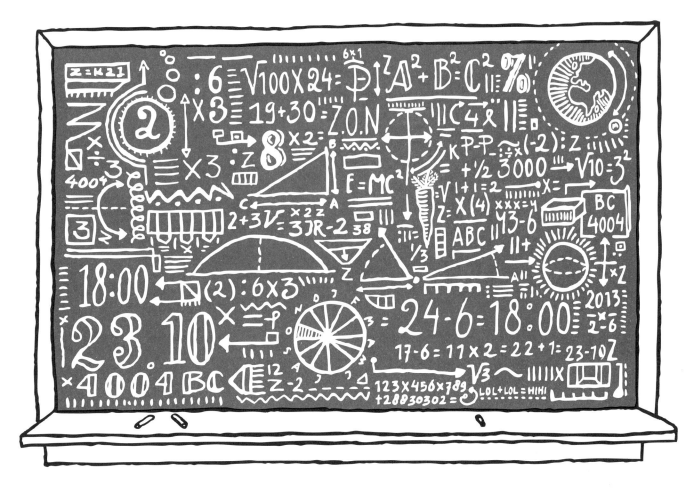

　　要想了解地球上的生命是如何开始的，有必要先知道地球是什么时候形成的。地球几岁了？宇宙又有多大？它们的年纪一样大吗？我们对此又有什么证据？

　　爱尔兰阿马郡（Armagh）的大主教詹姆斯·乌雪（James Ussher）是曾经计算过地球年龄的最著名的人之一。他极为认真地研究了《圣经》，在历经数月的整理、思考和计算后，得出了这样的结论：上帝创世的时间是公元前 4004 年 10 月 23 日。乌雪甚至花时间估算了一下上帝的工作节奏，猜测他大概在晚上六点结束工作，之后他就可以躺在沙发上悠闲地看报纸了，如果上帝真的存在。

公元前 4000 年，还是公元前 40 亿年？

1650 年，乌雪写下了他的发现。不只是他，和他同一时代的其他人也进行了类似的计算，比如艾萨克·牛顿（Isaac Newton）——历史上最伟大的科学家之一，也用类似方法计算过地球的年龄。所有学者计算出的地球年龄不尽相同，但是差别都不大。当然这也是在情理之中的，因为他们都用《圣经》作为原始素材。那个时代，几乎整个欧洲都信仰基督教，所以这里的每个人都认为地球的年龄应该是六千岁左右。

现在依然还有许多基督教徒认为地球非常"年轻"，但是绝大部分其他文化背景的人则认为地球更古老。比如，中国民间神话认为地球已经三百二十六万七千岁了，而印度教则认为地球和整个宇宙的年龄应为四十亿岁。说法各异。那么，科学家们是怎么说的呢？嗯，他们一开始也不知道，而且……你怎么回答这个问题呢？英国科学家詹姆斯·赫顿（James Hutton）是第一位通过敏锐的观察和聪明的思考作出有益尝试的人。

为什么海里的贝壳会出现在山顶上？

如果去爬山，你有可能在山顶发现意想不到的东西——贝壳。而且还不是一两个，是好几十亿个。不论你在世界的哪一端，到处都能看到它们。可是，贝壳是从哪里来的呢？很多人都表达了同样的观点：一定是发生过洪水，一场巨大的洪水使海平面上升至山顶。有许多关于这个理论的故事，其中最著名的当属诺亚方舟。但赫顿并不相信这些故事，他提出了另一个观点。

赫顿发现山脉只会越来越矮，岩石只会向下掉落而不可能向上升。沙子和石头会被河水冲往低处而不是高处。然而，地球却没有因此而变得越来越平坦。这些山肯定是以某种方式升高了。但究竟怎么升高呢？

赫顿从一些岩石的形状看出它们曾熔化过，进而想到地球的内部就像豌豆汤一样黏稠，所以外部坚硬的地壳可以轻易地在内部的液体层上移动。这样，地表的一部分就会下降，而另一部分则会上升。如果地壳的两部分相撞，就会隆起，形成山脉。就像两股水流碰撞，会产生波浪一样，只是这个过程更缓慢而已。赫顿当时还无法证实自己的想法，但现在可以了。事实证明这位苏格兰科学家的想法完全正确：阿尔卑斯山和喜马拉雅山脉曾经位于布满贝壳的海底。

你可以盯着一座山看上大半天，甚至几个月，但你不会看到它上升。山增高的速度极为缓慢。赫顿也意识到了这一点。增速最快的山每年大约上升几毫米。海盆里的海相沉积岩层缓慢上升成数千米高的山，需要等上几百万年甚至上千万年的时间。于是赫顿就知道地球肯定非常古老了。但到底有多古老呢？

如何知道一块岩石的年龄？

有人研究行星，有人研究动植物，也有人研究化学物质。但研究岩石？在詹姆斯·赫顿的理论出现之前，没有人愿意花时间去研究无聊的石头。欣赏几块美丽的矿石或化石确实不错，可成天研究岩石圈则是另一回事儿了。赫顿带来了改变。他使研究地层和岩石的科学变得有意义，这一学科甚至有了自己的名字：地质学。

地质学家不断有新的发现。在化石的帮助下，他们找到了一种划分地层的方法，这样我们就可以知道地层所处的时代。在地层里，到处都能找到很久以前生活过的动植物的残骸，但它们早已灭绝。这些动植物的种类比想象中的多得多，因为不论地球上曾有多少动植物，99.9%的物种都已经灭绝了。

地球到底有多大？

每个不同的时期都会留下足够多的化石。如果两块土地含有同类化石，那么这两块土地的年龄肯定相同。而且，我们知道最古老的地层通常躺在最深处。通过查看化石和岩石的种类，我们就可以推测出地球的年龄了。

这样，地质学家就可以根据不同的地层对地球的历史时期进行划分。比如，石炭纪是一个时期，贮藏有煤的地层就是在这个时期形成的；泥盆纪则是另一个时期，在这个时期形成了有石灰岩的地层。至今在阿登森林（Ardennen），你有时还会碰到石灰岩。可见这样划分是很方便的。因为这样的岩石层不是一两天形成的，科学家们才可以推测出地球一定有上亿年的历史。但是关于地球的具体年龄仍然不是很明确。

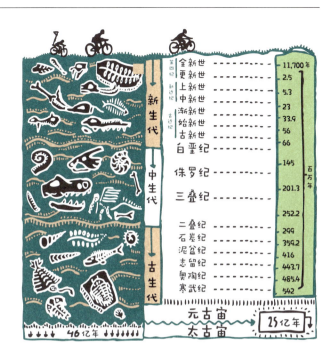

岩石会腐烂吗？

直到 1956 年，才有办法比较准确地估算出地球的年龄。这个估算是借助于岩石和矿物质，以及另外一种完全不同的技术得出的。

打破一枚鸡蛋，放到床底下等上几天，你会看到（特别是闻到）一些物质在时间的作用下产生的变化。鸡蛋会变质腐烂，所有的生命都会经历这一过程。但是那些没有生命的东西，比如岩石，会不会也这样呢？

岩石不会腐烂发霉，只会在几十万或者上百万年后发生变化。但它们确实是会变的。岩石和其他所有由原子组成的物质一样，只要你等得够久，每个原子最终都会变化。原子里的某些粒子会消失，称为原子衰变。岩石层往往由不同的物质组成。一个岩石层里面可能会含有金银铜这些元素。不同元素的原子衰退的速度不同，有的元素衰变只需几天时间，有的则需要上千年。

我们是如何证明地球的年龄的？

科学家们已经计算出每种元素中一半的原子衰变所需要的时间，他们称之为"半衰期"。比如碘元素的半衰期为八天，但是钍的半衰期为大约两万四千四百年，而铀的半衰期甚至长达七亿四百万年。如果你找到一块铀原子已经衰变了一半的岩石，那么这块石头就差不多七亿岁了。

有了这个发现之后，地质学变得比以前更受欢迎了。大批地质学家开始寻找最古老的元素。至今他们发现了大约四十六亿岁的元素。所以说，地球至少和它一样老，我们再次知道了这一点。不过还有一个问题：宇宙的年龄到底有多大呢？还有世界上的一切，所有的恒星、行星和其他……

宇宙的年龄有多大？

  怎样才能计算出宇宙的年龄呢？没有天文学家爱德温·哈勃（Edwin Hubble）的话，我们至今还不知道答案呢。关于我们的宇宙，他有一个极为重要的发现：宇宙是由无数个星系组成的。光这一点已经够令人印象深刻的了，不仅如此，他还发现所有星系都在彼此远离。想象一下，星系就像未充气气球上的小点，吹气时，这些小点之间的距离就会越来越远。

如何计算宇宙的年龄?

随着时间的推移，宇宙变得越来越大，也越来越空旷。想象一下，如果把这个过程拍成电影，再回放，会是怎样的情形呢？星系越来越近，宇宙变得越来越小，更小，更小……一直到数也数不清的恒星、卫星和行星被压缩成一个比 1 毫米的百万亿分之一还要小的一点。事实真的是这样吗？很多天文学家都这么认为。

大多数天文学家认为，巨大的宇宙是由一个致密炽热的奇点爆炸膨胀后形成的，今天宇宙中的一切都是这样形成的。现在，通过计算这些恒星相互飞离的速度就可以测算出最初的"大爆炸"发生在什么时候。呃，这说起来很容易，但学者们至今尚未得出明确结论。目前他们认定宇宙的年龄为一百三十七亿岁。当然也可能更老，但却不太可能更年轻，而这又与光速有关……

阳光多久才能到达地球?

你一定注意过，雷雨天时总是先看到闪电，再听到雷声。这是因为光的传播速度比声音快。声音的速度是每秒钟 334 米，而光速能达到每秒钟 30 万千米！快得令人难以置信，没有什么物质的传播速度比光速快了。不过，宇宙中星球之间的距离也是很远的，如果有人在月球上向你招手，你在大概一秒钟后才能看到，因为月球距离地球大约 384000 千米。太阳离地球太远，阳光到达我们的星球需要八分多钟。如果某个坏蛋把太阳给摧毁了，整整八分钟后我们才会知道。

宇宙中其他天体之间的距离就更远了。除了太阳之外，离我们最近的恒星是比邻星。从那里射出的光线要经过四年的时间才能到达地球。这就是为什么我们会使用"光年"作为单位来描述宇宙中的距离。光年是光线行进一年的距离，可想而知是非常遥远的。然而，有时用光年来计算距离也不够理想。有些恒星离我们实在太远了，射出的光线至今还没有到达地球。我们看到过的最远的星系距离我们 130 亿光年。所以，宇宙至少已经这个年纪。

四页纸讲述万物简史

宇宙是如何诞生的?

　　你见过一辆汽车被压成一个纸箱大小吗?现在想象一下,把一整幢大楼压缩成一个纸团大小,再想象一下把整个地球挤压成一个南瓜大小。最后再设想一下,把宇宙中所有的恒星、行星、卫星和所有的大石块都塞进一个可以放进汽车后备箱的小袋子里,再把这个小袋子无限压缩至一个点,小到就算你用世界上最好的显微镜都无法观察到,放大一万亿倍也不行。想象出来了吗?好了,现在你知道我们的宇宙在大爆炸后的万亿分之一秒的十万亿分之一的样子了。

　　宇宙最开始(很可能)并不是从那么大被压小的。我只是想说明包裹着万物的宇宙起初小得不可思议,今天世间所有的存在都是从"无"中而来……

原子和分子一直都存在吗？

一切都难以想象，对吗？没关系，因为一百三十八亿年以前的情况，谁也想象不出来。不过专家们都认同这一观点。宇宙一度小得出奇，温度高达几十亿度。大爆炸后宇宙迅速膨胀，越来越大，几秒钟后就大到我们无法想象了！

宇宙的第一个阶段和现在完全不同，那时宇宙无比炙热，还不存在原子和分子，所有物质都挤在一起。大爆炸后一百秒左右第一批原子才出现，不过不是一次性出现的。再过了三十万年，组成世间万物的所有原子才出现。我们的宇宙当时已经"冷却"到大约 3000 摄氏度……但是恒星和行星还没有诞生，它们是在宇宙四亿岁的时候才出现的：也就是一百三十四亿年前。

行星是如何形成的？

从第一批恒星出现开始，星星的舞蹈就一直跳到今天。恒星形成后像蜡烛一样燃烧，最终烧尽。但这并不是恒星的终结，因为残留下来的物质极具爆炸性。当恒星坍塌时，粒子之间激烈碰撞，产生爆炸。这个过程发生得如此之快，以致整个恒星都爆炸了。所有粒子都被喷射向宇宙，和其他恒星的粒子重新凝结在一起，组成新的恒星和行星。然而这些新的恒星最终又会爆炸，再次形成新的恒星和行星，就这样跳着周而复始的星星之舞。

大约四十七亿年前，宇宙中漂浮着气体和尘埃。这些尘埃微粒相互吸引，像浴室下水道的水流旋涡一样，开始旋转起来，形成了一个充满气体和尘埃的盘状旋涡。圆盘中心最大的旋涡物质，不断吸入更多的气体和尘埃，最后形成了一颗恒星。圆盘四周是一些更大的旋涡物质，这些物质由石头和气体组成，围绕着这颗恒星旋转，最终形成了行星。这就是我们最熟悉的恒星太阳了，行星就是火星、木星及金星，当然还有地球。不过那时候的地球和现在的相去甚远。

月球是如何形成的？

起初地球还是液态形式，随着时间的推移，地球的最外层开始慢慢凝固，逐渐变成一个外部坚硬、内部藏有岩浆的炙热火球。接着，地球慢慢冷却并安定下来，直到一个东西来势汹汹地来到地球。是什么？一颗流星？一颗陨石？还是一颗彗星？都不是。那是一颗真正的行星，和火星一样大小，向着地球冲撞而来，地球根本无处可逃。撞击的结果就是：巨大的碎片飞溅至太空。当地球慢慢地恢复成原来的球状时，这些碎片也结合在一起形成了一个新的球体，也就是我们的月球。

从那时起，我们有了太阳、地球和月亮。欢呼吧！有什么好欢呼的呀？那时的地球上什么都没有，没有任何生命体，因为没有谁能在当时的地球上生存下来。相比起来，现在的地球就算你收集汽车和化工厂排放的所有废气，将这些有毒气体喷射到空中，把所有核电站和核弹引爆，也不及那时的死气沉沉。初生的地球炽热无比，地表熔岩横流，即使后面冷却下来，也毫无生机可言。

很久很久以前，地球是什么样的？

　　设想一下，如果你生活在四十亿年前的地球上，会是怎样的体验？首先，白天你会被烧焦。那时的地球还没有形成大气层，无法保护我们免受紫外线的伤害。阳光未经过大气层，直射到你身上，就像一颗核弹在离你几千米近的地方爆炸。此外，地球表面白天炙热，到了晚上却异常寒冷，这也是没有大气层所致。清晨零下 20 摄氏度，下午气温却高达 40 摄氏度，那是再平常不过了。唯一的好处就是：那时地球转得比现在快——一天才六个小时！

　　在那时的地球上，你完全无法呼吸，因为没有氧气，地球被致命的氮气和氨气围绕。更可怕的是，你的脑袋随时都可能会被陨石砸到！在那段时期，至少有上百万颗来自太空的碎石和冰状物坠落到地球上，有意思吧？

为什么说生命起源于海洋?

不过正是因为这些侵袭地球的陨石,地球上才诞生了最早的生命。不仅如此,陨石还带来了大量的冰状物。冰状物融化后,就形成了最初的海洋。由于致命的紫外线的照射,生命体根本无法在地球表面生存,但这些光线无法照射到海洋深处,而且海洋中的有害气体也相对要少很多。此外,海水升温和降温的速度都比陆地慢,因此海洋里的温差比陆地上小。在这样有利的自然条件下,生命才可能诞生。实际上最早的生命体就出现在海洋里,而且速度很快……

地球上的生命形成花了多少时间?

地球有四十七亿年的历史。从四十七亿年前到三十八亿年前,我们的星球上没有任何生命。然后,第一批有生命的细胞小心翼翼地占领了地球,至于是以什么样的方式,你会在之后的章节读到。这些细胞是你能想象到的最最简单的生物,但无论如何它们生存下来了。随后的二十八亿年并没有发生太多的事情,不过这些细胞变得越来越复杂精密。想想草履虫和带着鞭毛的细菌吧,那些细菌的鞭毛就像是舷外发动机一样运转着。然而,这意味着地球最初的三十七亿年间,地球上仅仅居住着单细胞生物。

人类存在多久了?

大约在十亿年前,地球上第一次出现一批多细胞生物,比如水母和海绵动物。但海洋以外的地方仍旧没有生物存在。一直到四亿零七百五十万年前,陆地上才出现第一批植物。此后,地球上的生命加速发展了起来。四亿年前出现昆虫,三亿六千万年前出现两栖动物,三亿年前出现爬行动物,而哺乳动物则大约出现在两亿年前。那么人类呢?我们在地球上仅仅存在了二十万年……

如果你把地球的历史缩成一天,那么第一批有生命的细胞出现在凌晨四点钟,接下来很长一段时间什么都没有发生,直到晚上八点后,才出现了第一批多细胞动物。晚上十点最早的陆生动物诞生,而人类,在午夜前几秒才姗姗来迟。这就是我们地球的历史。

你全知道了吧?

不,不,还早着呢!如果你认真读了上面的内容,一定会有很多疑问,比如说:最早的生命体是怎样出现的?其他物种是从哪里来的?为什么不是所有生物同时出现?当然还有个问题:我们是怎么知道这些的呢?别着急,接下来我将一一为你揭晓答案。

迄今最有说服力的科学探索

什么是进化论，谁发明的？

雀类

小树雀　大树雀　拟䴕树雀　大仙人掌地雀　勇地雀　大嘴地雀

乌鸫雀　莺雀　大地雀　仙人掌地雀

𝄞 鸣禽　🥦 树雀　↓ 地雀

⬤ · 食种子类　⬤ · 食仙人掌类　⬤ · 食昆虫类　⬤ · 食水果类

"这太可笑了！"

"我从来没有听过这样的无稽之谈。"

"这么有学识的人，怎么会这么笨？"

"他一点都不尊重《圣经》！"

"人类是猴子的后代？哈哈，那是父亲那方还是母亲这方呢？"

"这个想法不仅笨得可以，还有伤风化！"

　　上面这些愤怒的评论都是针对一本书的，它讲的是关于地球上所有动物、植物和其他生物的起源。这本书是英国人查尔斯·达尔文（Charles Darwin）写的。尽管反对的声音一直存在，但是达尔文的理论依然影响甚广。达尔文出生于 1809 年。在当时的环境下，他周边的人都相信上帝在六天内创造了万物。不过，达尔文却提出了一个完全不同的理论。"地球上所有的生物都源自相同的祖先。"他写道。比如人类和猴子，还有人类与杜鹃花、黄瓜、丽蝇和细菌都是同源。根据达尔文的理论，所有曾经存在过的生物，从果蝇到鲸鱼，从马到蒲公英，从北极狐到沙鼠，都有同一个生活在很久以前的祖先。听上去怪得离奇，但他是对的。

怕血的医生?

达尔文用他的著作彻底改变了生物学家和科学家们的思维方式。他可不是等闲之辈,小时候他就收集各种各样的小东西:贝壳、小昆虫、硬币、石头,等等。他还阅读了大量关于动物、植物和石头的书籍。毕业后他决定继续深造,成为一名医生。但是在这段学习过程中,他发现自己怕血。这对于想成为医生的人来说是一件麻烦的事情。因此,他没有花很多时间在自己的学业上,而是去听教授们和其他学者讲授关于自然的课程。他的父亲对此很不以为然,他想让自己的儿子研究神学,这样毕业后就可以成为牧师。达尔文顺利完成了学业,不过在成为牧师之前,他获得了一次难得的机会:他可以作为博物学家出海周游世界。

所有物种都是从哪里来的?

这次航海对达尔文来说,既是天堂,又是地狱。他很快就开始晕船——船一离开港口,他就挂在栏杆上呕吐。但是,船一靠岸,他便展开研究。他做得极为出色,发现了大量独特的动植物,找到了灭绝物种的美丽化石。最令他着迷的是一些物种间的差异。比如,在加拉帕戈斯群岛上,他发现每个岛上都有不同的鸟类——他认为是雀。这些鸟长得极为相似,但仍有不同。一个岛上的雀喙比较长,另外一个岛上的比较短。它们的行为也有所不同,吃的东西也不一样。然而,两个岛之间只有几十千米的距离。达尔文非常吃惊,所以他各带了一只回英国进行后续的研究。后来发现,他本来认为是不同种类的一些鸟,其实属于同一种类。但是它们之间怎么会出现这些差异呢?他自问道。英国某个岛上的雀和伦敦的一只雀看上去一模一样,可这些鸟彼此之间为什么如此不同?

达尔文一直关注这个问题。同时,他对于动物饲养者和植物育种者的工作方式也极为感兴趣。他们如何培育出新的品种?要培育出一种新的犬类或新的植物,需要多长时间?他们的回答很简单。

·小猎犬号·

如何培育出一只 70 公斤的狗？

　　你要想种出大朵的向日葵，就得去找最大的向日葵的种子。正如孩子长得像父母，植物也一样。开花大的植物种子，种出来也会开大朵的花。因此，想种出大朵的向日葵，当然得找到最大的向日葵的种子，接下去就等着向日葵开花。新种出来的向日葵里，有些可能会比它们的"母株"还要大呢。然后你再用当中花开得最大的向日葵的种子去种。一次又一次地种，直到最终得到两米高的向日葵。培育狗狗也是同样的道理。如果要培育一条大狗，就得每次都让体型最大的狗交配。所以，现在才有各种各样、大小不一的狗——从轻如一包糖的小犬吉娃娃，到重达 70 公斤的英国马士提夫獒犬。

你和蜈蚣有共同的祖先？

正在疑惑所有物种从何而来的时候，达尔文读到了一本关于人口增长的书。是的，他对很多很多课题都感兴趣……正是这本书给达尔文带来一个全新的见解，让他之后开始举世闻名。这个见解给史上最好的科学理论提供了帮助，很大程度上解释了为什么地球上会有这么多不同的物种，也解释了为什么你、水母和蜈蚣有着相同的祖先。这个见解就是：人口增长的速度很快就会超越食物供应的速度。

呃……啥，就这个？这很了不起吗？是的！

这虽然是短短的一句话，却带来颇具影响力的效果。想象一下，如果你是生活在加拉帕戈斯群岛上的一只达尔文雀（后来人们就这么称呼这种鸟）。在岛上只能找到有限的食物，毕竟不会有无限量的虫子、种子和浆果。好的年份里食物相对较多，但是更多时候食物量少。不论怎样，食物的供应量最多只能增长一点点，雀的数量却能快速增加。如果雀一年繁殖出三只小雀，小雀又各自生出三只，就总共有九只雀，那也还好。可一年后又增长了二十七只，再之后又有八十一只，然后是二百四十三只，接下来七百二十九只，又繁衍出两千一百八十七只，它们又生出六千五百六十一只，后一代再生出一万九千六百八十三只。十年后，整个岛上达尔文雀就要扎堆了。事实上，这是不可能发生的，因为永远不可能有足够的食物供给这些雀。

哪些动物会幸存，哪些会灭绝？

不是每只雀都会生存下来，相当多的鸟会死去。哪些雀可以幸存呢？肯定不会是最弱的。究竟会是哪种呢？如果周围有很多秃鹰，那么善于伪装的雀就更有机会逃脱秃鹰的魔爪。如果没什么秃鹰，而有很多坚果和种子，那么拥有强大的喙的雀生存概率最高。如果有很多昆虫，那么最快的昆虫捕手将会是最成功的。现在可以来解释一下了：每个岛的情况都不一样。一个岛上生长的植物与另外一个岛上不同。有的岛上生活着很多秃鹰，有的岛上则很少。

如何从一种雀变成两种雀？

　　想象一下，如果把加拉帕戈斯群岛上的所有鸟都驱赶走，然后把你在树林和院子里能见到的普通雀放到那儿，会发生什么呢？一开始不会有太大变化。所有的雀看上去都很相像，有着相同的颜色、喙和饮食习惯。然而，它们彼此之间也有一点点不同。在满是秃鹰的岛上，有着和岛较为相似颜色的雀生存概率就会大一点，它们的后代也是一样。慢慢地，羽毛的颜色会随着周边环境的颜色发生改变。在几十年内，就会出现不同颜色的雀。在其他岛上也是一样，比如鸟的喙和饮食习惯发生改变。如果时间够长，雀会变得越来越不一样，从最初的一种，到最后十五种不同的雀。这些鸟类之间会大相径庭，无法再交配，繁衍后代。

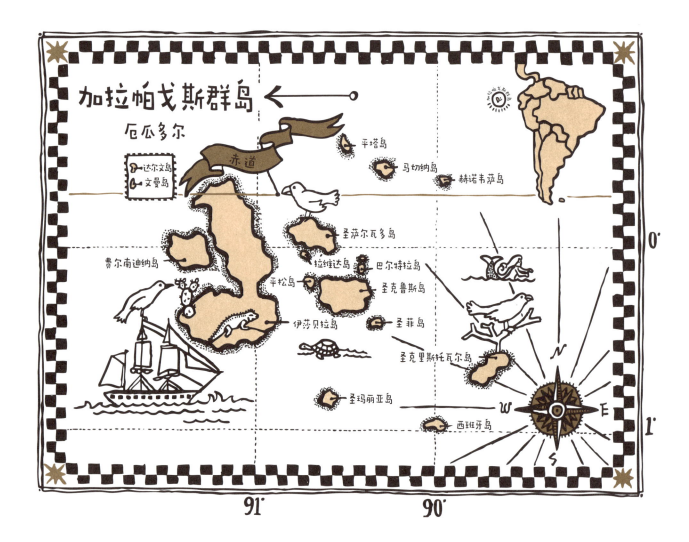

地球上所有的生物都有一个共同的祖先吗？

达尔文最重要的发现是动物和植物会随着时间的迁移而改变。这种改变不是发生在一两天内，而是要经历一个几十年、几百年、几千年甚至是几百万年的过程。事实正是如此。如果你生活在两亿五千万年前的荷兰，你会觉得那里很炎热，当时那里的气温和今天的西班牙差不多。如果你生活在十四万年前的荷兰，你肯定会马上想离开，因为那时不管是夏天还是冬天，都会冷到结冰。在荷兰的北部，覆盖着一层 300 米厚的冰。

地球在变化，生活在地球上的所有生物也随之改变。适应性最强的物种生存概率最高。改变的另一种表述是"进化"，因此，我们把达尔文的发现称为"进化论"。到现在为止，我们只提到过鸟类的进化，但达尔文发现各种动植物之间也存在巨大的相似性。他认为所有物种都有一个共同的祖先，就像一棵树产生的分叉一样。追溯到几十亿年前，你就会找到那个共同的祖先。

达尔文的著作为什么写了二十年？

起初这只是他的一个想法，之后他花了很多年来思考自己的理论。最终，他决定写一本书。他知道，这样的书会颠覆学术界的认知。他也知道，无论是科学家，还是有宗教信仰的人都会对他的书持批评态度。于是，达尔文花了二十年不断收集材料，阅读大量书籍以尽可能多地获得证据。他可能不是真正意义上的科学家，但比大学里面的绝大部分科学家知道的都多。要是没有得到结果，很有可能他还会多花上几年时间收集证据。

当时人们觉得达尔文是疯子吗？

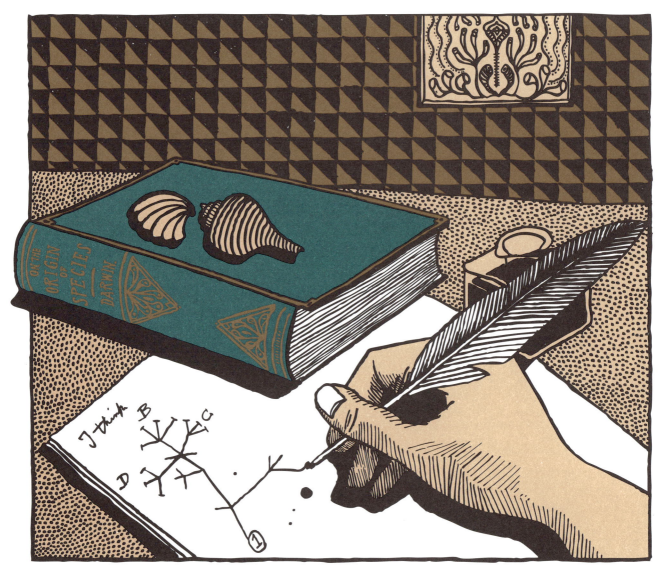

　　1858年6月，达尔文收到阿尔弗雷德·拉塞尔·华莱士(Alfred Russel Wallace)的一封信。华莱士写了一篇名为《论变种极大地偏离原始类型的倾向》的科学论文，它和达尔文花了二十年写就的理论正好一致。运气不好的话，这个理论的提出者可能就是华莱士了。达尔文大吃一惊，他给华莱士回信，提议将他们的进化论一起在科学会议上宣读并发表。华莱士觉得这是个好主意，但是最后达尔文无法到达讲座现场，而华莱士也远在马鲁古群岛。因此，他们的论文只能由他人代读。奇怪的是，演讲结束后并没有引起什么反响。听众们几乎没有任何反应。在场的人并没有生气，也没有发出批评的声音。

有人相信达尔文吗?

听众的反应当然令达尔文感觉不错,但他也意识到自己写书的速度要加快了。一年后,他就发表了举世闻名的著作《物种起源》。对这本书的一些评价可以在本章的开头读到,特别是负面评价!不过总体上来说,反馈没那么糟。达尔文用充足有力的证据证明了自己的观点,因而大部分读者都认同他的理论。不是所有人的评论都像你在前面几页读到的那样消极。下面摘抄了几个评论:

- "起源于猴子!天哪,希望这不是真的。就算是真的,也希望没有人知道!"
- "人们可能会取笑达尔文的书,但我宁愿自己的祖先是猴子,也不愿意是那些用好话和谎言来嘲笑进化过程的人。"
- "一本非常好的书,可惜里面没有更多关于鸽子的内容,大家都希望更多地了解鸽子。如果他将内容扩展到鸽子上,那么这本书会更卖座。"
- "查尔斯·达尔文之于生物学的地位犹如伽利略·伽利雷(Galileo Galilei)之于天文学,艾萨克·牛顿之于物理学。"
- "这是迄今最好的科学观点。"

达尔文的书广受关注,销量很好。直到现在,这本书已有一百五十多年的历史了,依旧有人在阅读。达尔文名满全球,被誉为"历史上最伟大的科学发现者之一"。可华莱士就不一样了,他还做了很多研究进化论以外的其他事情。例如,他想证明自己可以和灵魂对话,这让他变得有点儿疯狂,但他仍然是一个非常聪明的人,对科学界作出了非常重要的贡献。

所有物种都在持续进化吗?

进化论的故事到此并没有完全讲完,因为现在仍有很多人不相信达尔文的理论。进化论是一个极其复杂的话题。正因如此,达尔文才花了这么长的时间来寻找论点和证据。他的理论乍听上去很合理,但是如果你花时间去思考,会发现依然还有很多进化论也无法解释的问题。

比如:地球上的第一批细胞没有眼睛,那么眼睛是怎么来的呢?最初简单的单细胞如何能够最终进化成人类,或是大象?进化会让一切越变越好,还是并非如此?

— 第五部分 —

进化论简史

新的物种是如何诞生的？

达尔文的进化论看起来很简单。拿一张白纸，在上面画满你印象中一元硬币大小的圆圈。画完之后请继续阅读。第一轮没有画满？没关系，继续画，直到纸上画满圆为止。

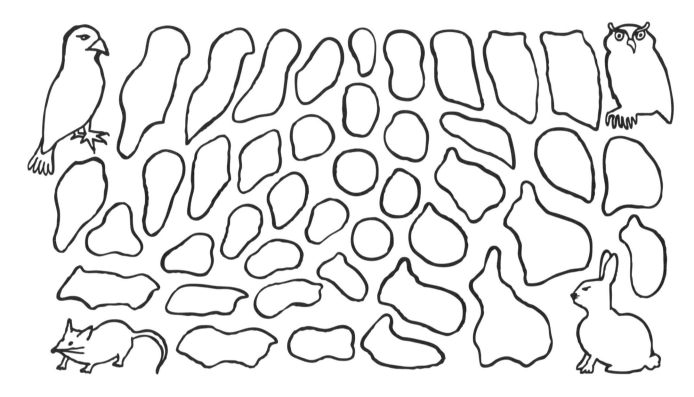

画完了？一张纸都画满了吧？请继续读下去。

你已经清楚地画出了所有圆圈，对吧？它们都很相像，但有的稍大，有的稍小，还有的不太圆，有的甚至还有小的凹陷。想象一下，如果所有的圆圈都活了，结成一对一对，繁衍后代。然后出现了猎食者，主要捕食大的圆圈。那么小的圆圈就有更大的幸存概率。大的圆圈死得越来越快，这样下来，圆圈变得越来越小。如果猎食者捕食小圆圈，也是同样的道理，圆圈会在几年的时间里面变得越来越大。不管是哪种情况，最后都会出现一种和原来的圆圈不一样的圆。简单吧？

动物和植物也是如此。孩子长得像父母，但多少会有一些不同。这种差别可能是优势，也有可能带来不便。后代能否成功生存也取决于此。

为什么有的物种比其他物种变化快？

物种永远不会停止进化。环境改变了，生活在其中的物种也会作出相应的改变。地球上的很多区域都在变化。有的区域变化得快，有的变化得慢。气温和降雨量对陆地的影响比对海洋和地底深处的影响大。如果气温和降雨量显著改变，将会影响陆地上的动物。这些动物要么灭绝，要么发生改变。因此，陆地上会有"刚出现不久"的物种，比如人类；而海洋里则有已经生存了数十亿年的物种，比如水母和蠕虫。

气候是导致物种变化的主要原因。假如你是一只兔子，气候变冷了，经常下雪，那么毛色最浅的兔子最不容易引起猎食者的注意。于是，就会出现越来越多浅毛色的兔子。这些兔子繁殖出的后代中，颜色最浅的将再次拥有最大的生存概率。因此，兔子的毛色会变得越来越浅。这个过程不断持续，直到所有的兔子都白得像雪一样。几个世纪后，如果气候变暖了，地表更多呈现的是灰色，而不是雪白色，那么兔子就又会变成灰色。

有的兔子可能在寒冷时期向更温暖的南部迁移了，所以对它们来说，就完全没有必要变白。最后就有了这两种兔子：白兔子和灰兔子。这就是进化论的整体思路：从一个物种里可以分出两个或者更多不同的物种。如果两个物种之间的差异很大，不能生育出健康的后代，那么就属于不同的物种。

上面兔子的故事只是一个假设。现实中，我们眼前就有实例。两百年前，伦敦是一座肮脏的城市，充满大量烧木炭产生的烟雾，结果就是所有的建筑都变得又脏又黑。那个时候生活着很多黑蛾，它们的颜色和当时的石头一样。后来伦敦变干净了，相应地，黑蛾也消失了——现在的飞蛾和干净石头的颜色一样了。

这样你似乎就可以预测进化的方向了。我们这里强调"似乎"，是因为大自然也会发生奇怪的事情……

咦？怎么突然不是最强最优的生存下来了？

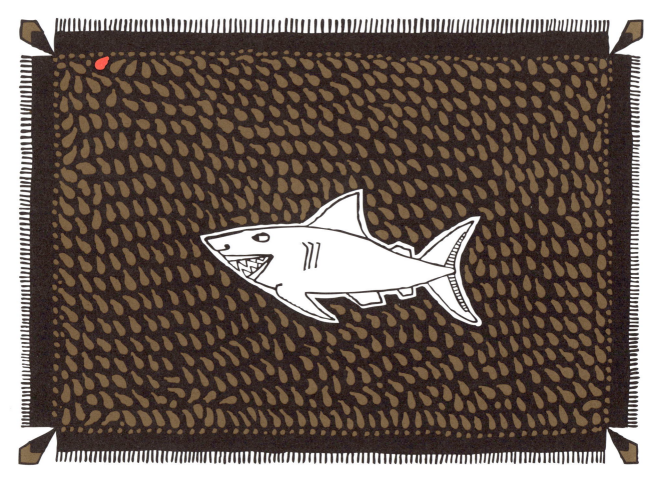

　　许多人认为最能适应周边环境的物种生存概率最大。如果你刚读了这章的话，这听起来完全符合逻辑。那为什么最能适应环境的物种不是最有可能幸存下来的呢？那就看看大白鲨吧。鲨鱼是会游泳的猎杀机器，能在数百万升的水里面嗅出一滴血的味道，游泳速度高达每小时 40 千米，可以轻松地用向内侧长的尖锐的牙齿捕获任何可能的猎物。看到这样的鲨鱼出动捕食，你就见证了数十亿年的进化结果：这些超级杀手变得越来越快，越来越强。

　　英语叫"survival of the fittest"，意为"适者生存"，也不是总能产生最好的进化结果。我不知道你有没有见过邋遢大王。如果你认识他的话，你就知道他不是数十亿年进化过程中出现的最佳物种。邋遢大王有大肚子，不戴眼镜什么都看不见，他在丛林中连一个星期都无法生存。那到底是怎么回事呢？

一棵树会希望自己长高吗？

动物，树木和其他植物不一定总是越变越好，只是在改变而已。因此，它们并不总是以最佳的形式存在。比如说树，形状就很不方便。在美国的加利福尼亚州，有一棵巨大的树，人们称之为"同温层巨人"。那是一棵红杉，高达 113 米，如果它长在乌得勒支教堂塔旁边，仍会高出塔顶。可是如果这棵树可以自己选择，它绝对不会长这么高。树大招风，肯定不那么惬意，而且很容易被风吹倒。红杉一定也想变矮一点，因为那样的话被风吹倒的可能性就会小很多。那为什么还要长那么高呢？因为红杉总是挡住对方。树木需要阳光，光带来能量，是树木的食物。在树林里要想获得最多的阳光，就必须长得比其他的树都高。最高的树获得的阳光也最多，所以树木都长得越来越高。如果这些红杉提前互相打好招呼，最多只长到 10 米的话，就什么事都没有了……

为什么兔子的"视力"差？

"同温层巨人"还没有长到最高。植物学家计算它还可以再长高约 20 米，然后就到头了。这样的树每天需要吸收 1000 升的水。一棵树如果长得太高，就无法将水吸到顶部。要是水的流通停止了，树枝就会折断。因此，大部分的树木都较矮。所以问题就是："同温层巨人"是自己想长那么高的吗？

这里的关键点是平衡。树要长到合适的高度，好获取足够的阳光，但又不至于被风吹断。大部分的树木在很早以前就找到了这个平衡点，于是不再改变了。红杉的高度已经保持了几百万年，也早已习惯了这个高度带来的不便……

邋遢大王的故事证明，物种并不总是越变越好，而且他不是唯一的例子。每种植物和动物都有可以改善的地方。想想之前提到的那些兔子，如果它们在数百万年里不断"进化改善"，那么它们就不应该是现在这个样子。兔子的视力远远不如它们的天敌——猛禽。视力好的兔子比视力差的幸存概率要高，那为什么兔子的视力在过去的几百万年里没有得到改善呢？当然不是为了给狐狸和狼一个好机会。不，是有其他的原因。请继续阅读下一节，不过……

进化论犯错了吗？

曾经存在过一种大角鹿，鹿角太大，雄鹿几乎无法前进。孔雀的尾巴长达一米半。雄性园丁鸟花费数月的宝贵时间，来搭建一个美丽但毫无用处的艺术品。鹿和孔雀一样，都生活在一个充满猎食者的环境中。当你被一群狼或是一只老虎追赶时，最后能使用的武器只有头顶沉重的鹿角，或是身后一米半长的尾巴。那么为什么这些动物长成那样呢？雄性园丁鸟不能把时间花在更好的事情上吗？难道进化论犯了错误？

雌性疯了吗？

达尔文就这个问题挣扎了很长时间，最终得出结论：都是雌性惹的错。雌性园丁鸟对只会搭建呆板、安全鸟巢的雄鸟毫无兴趣，它们只对"艺术家"有好感，也就是"鸟界的伦勃朗和梵高"，它们会创作色彩鲜艳的艺术品。雄性园丁鸟建造的连巢都算不上，只能说是一个"凉亭"：像是小屋子或者花园露台，甚至不能被用作鸟巢。雌鸟如果要下蛋，还需要自己另外搭建鸟巢。雌性孔雀的择偶方式也很奇怪：它们喜欢有着最美丽、最长尾巴的公孔雀。雌鹿也对头上有巨大鹿角的雄鹿着迷。如果这些雌性动物能作出更理性的选择，那么大自然就会更加和谐了。

雌性似乎是疯了！比如园丁鸟，虽然种类繁多，但是基本上每种雄鸟都会用同样的方式建造自己的"艺术品"。首先，它们会选一个合适的位置，然后将周边所有可能挡住阳光的灌木和叶子都摘掉，接着把地面上的树叶和杂草清理干净，再用几百根小树枝搭成一张床。小树枝完好地交织在一起，形成了坚固的"实木复合地板"。同时，雄鸟会用新鲜的长树枝，筑成厚达几厘米的墙。最后用各种色彩鲜艳的小物品来装饰这个凉亭，其中最受欢迎的颜色是蓝色。

如果你是一只鸟，会怎样让自己看上去更大？

雄性园丁鸟会用任何东西来装饰"凉亭"。曾经有人发现过一个凉亭的装饰物有：六种浆果、两种坚果、三种花瓣，还有蛋壳、蘑菇、爬行动物的皮肤、蜗牛壳、蓝色和粉红色的石头、铝箔、三种颜色的塑料、电线、昆虫盔甲、骨头和肥料。这仅仅只是一个凉亭而已啊……

雄鸟的聪明才智还不止这些呢，有的还会在"亭子"里面放鹅卵石。它们站在亭子里时，在身前放上小石子，在身后则放上大石子。聪明呀！因为较近的小石子看上去比远一点的石子要大，通过将最小的石子放在前面，站到上面，就使得鸟儿看起来更大了。雄鸟利用了视觉上的错觉，而且它们还有另一个小窍门：凉亭的开口总是向着太阳。这样，雄鸟就能保暖，看上去也更引人注目。

为什么雌性会想和一个有谋杀倾向的白痴生育后代？

　　雄性园丁鸟会花上几个月甚至近一年的时间来搭建凉亭。在这样一个没用的亭子上浪费这么多时间，简直是个大白痴。不幸的是，对于它而言，这是找到雌鸟的唯一途径。专心干活吧，而且这活儿比你想象的要危险。有的雄性园丁鸟为了得到某种颜色的羽毛，甚至会极端到去杀死别的园丁鸟，把对方的毛拔光。不过它们自己也可能受重伤。真是为了爱不惜一切代价啊！

　　你知道要造出这样的凉亭有多不容易了吧。最年轻的雄鸟根本没有这种技能，只有经过多年的观察才能掌握。道理很显然了，雌鸟其实并没疯。当雌鸟看到这么美丽的艺术品时，它就知道遇上的是一只经验丰富的雄鸟——一只生存能力强、并有时间去完成美丽艺术品的雄鸟。所以，它肯定健康强壮，可以一起生育后代。

园丁鸟　　园丁鸟

孔雀的尾巴为什么那么长?

　　长尾巴的孔雀则是另外一种情况。雄性园丁鸟在遇到危险时还容易逃生，但雄性孔雀带着一条笨拙的长尾巴就难以逃脱了。然而，这条尾巴对雌性却最具吸引力。如果你把受欢迎的雄性孔雀尾巴上的羽毛拔掉，那么雌性孔雀就不喜欢它了。而当你把拔下的羽毛贴在不引人注目的小雄孔雀身上时，雌性马上会对其趋之若鹜。为什么呢？因为不健康的弱雄孔雀不可能会有美丽的长尾巴。生病的孔雀羽毛丑陋，而健康的雄性则不会。健康的雄性孔雀会带着它巨大的尾巴生存下来。一只美丽的孔雀一定是强壮、聪明和健康的，是一名合适的候选者。其他的鸟类也是如此，比如说胸羽最红的欧亚鸲是最强壮的，羽毛最长、色彩最鲜艳的极乐鸟是最健康的。所以雌性并不是疯子，它们比你想象的更聪明，起码大部分是……

大角鹿是怎么灭绝的?

　　那么有着超大鹿角的大角鹿呢？事实上它们已经灭绝了。当食物还充足的时候，这些大角鹿还能轻松生存。对孔雀和园丁鸟来说也是一样的。它们生活在很容易快速得到食物的区域，如果食物数量减少，它们就有大麻烦了。大角鹿就是遇到了这种情况。当时气候变冷，导致能找到的食物减少。鹿角给雄性的行动带来了很大的麻烦，而其他鹿角较小的鹿种可以轻易地到远处去寻找食物，大角鹿则因此而灭绝。一切都是围绕着大自然的平衡应运而生，不论是树的高度，孔雀尾巴的长度，还是鹿角的重量。

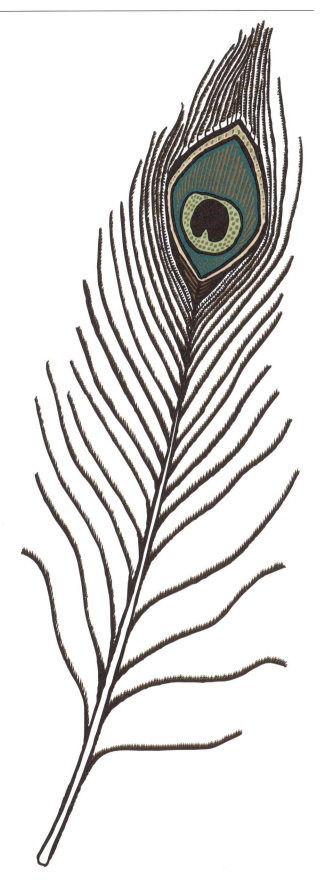

为什么经过几百万年的进化，物种还是不完美？

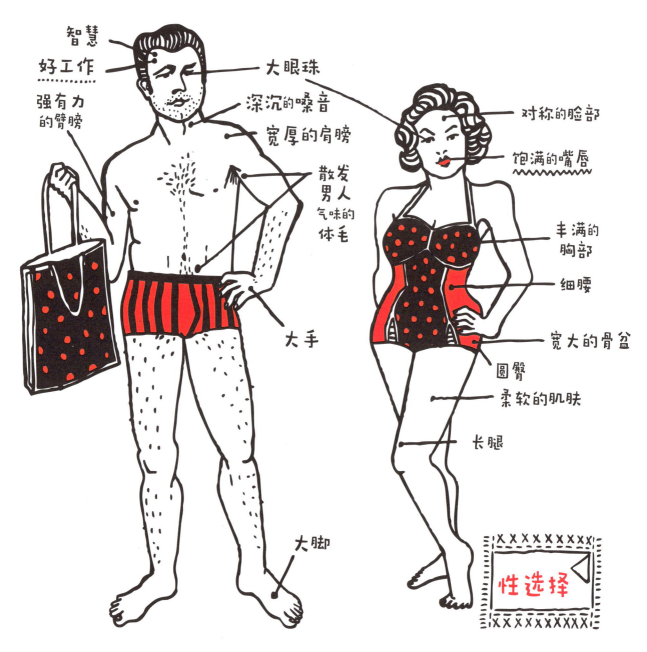

智慧
好工作
强有力的臂膀
大眼珠
深沉的嗓音
宽厚的肩膀
散发男人气味的体毛
大手
大脚

对称的脸部
饱满的嘴唇
丰满的胸部
细腰
宽大的骨盆
圆臀
柔软的肌肤
长腿

性选择

　　在自然界中，通常是雌性决定要和谁交配。雌性在进化中扮演着重要的角色，所以会有不符合逻辑的物种出现，达尔文称之为"性选择"。他认为加上"适者生存"，就是造成物种变异的主要原因。这两个原因之间不断地相互作用，有时候长得好很有用，有时候最好还是又快又强。

为什么女性越变越漂亮，男性则不然？

人类的情况有所不同。男性通常会选择最美丽的女性，而女性则不那么看重男性的外表。她们更看重的是这个男人是否聪明，是否有一份好工作，或者是否比较擅长某个领域。漂亮的女性更容易找到丈夫，生育后代，生出更漂亮的女儿。男性则不需要长得那么帅，他们的儿子也将同样难看……

女性不那么看重外表，是否说明她们比男人聪明呢？不一定。漂亮的人一般有一张对称的脸，就是说他们的右脸是左脸的镜像，而这也是健康的标志。男人其实选择的是健康的后代，这不是很聪明吗？

如何成为超级兔子？

性选择和适者生存是进化论的两个主要驱动力，但有时它们也会对立起来，于是就出现了像孔雀、园丁鸟和邋遢大王这样奇怪的物种。如果你在森林里看到一只兔子，你看到的不是一只完美的动物，而是性选择和为适应环境变化而改变共同产生的结果。生存环境的变化包括：全球变暖，冰期、间冰期交替，干旱期与湿润期；火山爆发和陨石撞击，这会造成大量动物的灭绝，比如食肉动物和它们的竞争对手；地球上的变化，比如新的山脉和岛屿的出现，以及其他的很多巧合现象。

如果兔子生活的环境改变，使它们在森林中无法生存，那么兔子的外表就会发生变化。它们需要跑得更快更远，也要有更好的听力。小兔子出生的时候不再没有毛、看不见，而是一出生就带着伪装的皮毛，早早就学会奔跑。你可能已经知道，的确存在超级兔子——野兔！你也可以清楚地看到野兔和家兔曾经拥有共同的祖先。野兔和家兔很相似，但已经无法交配出"野家兔"了。

超级兔子

— 第六部分 —

一切为了家族

基因是什么，为什么它能统治地球？

　　我们讲得差不多了吧？我们已经把决定进化的所有因素都过了一遍了吗？呃，还没有呢。因为如果你仔细观察一下大自然，就会发现不是所有动物都是为了生存和尽可能多地留下后代而奋斗。比如，蚂蚁。

　　蚂蚁是地球上最成功的物种，随处可见，不论是在最干旱的沙漠、最潮湿的沼泽、最茂密的丛林，还是在邋遢大王的厨房碗柜里。如果你把全部的蚂蚁放在一起，会比所有的人类、大象和犀牛加在一起还重。有的蚂蚁你甚至能在水中看到，红火蚁可以把自己的身体搭成筏子来渡河，或是把身体搭建成桥，迅速在树与树之间转移，真是机智的小动物。然而，并不是所有的蚂蚁都这样聪明。

达尔文错了吗？

在蚂蚁窝里，蚂蚁们各行其职。蚁后专门负责产卵；工蚁中的侍女照顾蚁后，保姆照看蚂蚁卵和幼蚁，女工操持家务，兵蚁守卫家园；此外还有侦察兵。最后一类工作者看上去特别蠢，侦察兵要冒生命危险为窝里的其他蚂蚁寻找食物。没有其他蚂蚁的帮助，它们毫无自卫能力，简直就是鸟类和其他食蚁动物的盘中餐。因此，聪明的蚂蚁为了拥有尽可能多的后代，宁愿成为蚁后或是保姆，这是合乎逻辑的，而且安全多了！但总需要足够多的蚂蚁去承担危险的开拓重任。为什么呢？不是会更早死吗？那样它们就不能生出最多的后代吧？没错。

蚂蚁的另一个例子。生病的蚂蚁不会让其他蚂蚁来照顾自己到痊愈。它们不会躺在沙发床上，也没有果篮或药品。相反，它们会离开蚂蚁窝，自生自灭！这样就不会把病传染给窝里的其他蚂蚁，影响它们的健康。这当然是很无私的举动，但是它们自己却无法存活下来。这不是达尔文想的那样，因为如果你死了，就没办法照顾后代了。

哪个动物会想去死？

这种奇怪的举动也出现在其他物种里，比如说蜜蜂。如果你离蜂巢太近，蜜蜂很快就会蜇你。被蜜蜂蜇到很疼，让你很不好受，这样你就不会轻易冒险去破坏蜂巢。你飞快跑开，身上留下几个恼人的肿块。可是不要以为你是这里最大的受害者，蜇了你的蜜蜂要惨多了。因为蜇你失去了刺，伤口会让它们在一天内死去。蜜蜂就这样光荣地为了蜂巢里的其他同伴牺牲了自己。这非常值得尊敬，只是这种做法不太聪明。但是，蜜蜂为什么会这么做呢？因为这些动物不会自我繁殖。

为什么基因如此重要？

　　为什么蜜蜂和蚂蚁要通过自我牺牲来保全家族？回答这个问题前你首先要知道，一个蜂窝里的所有蜜蜂都是一个家族的成员，蚂蚁也是如此。这些女工、士兵和保姆相互之间都是兄弟姐妹。蚁后是它们的母亲，它们照顾的小蚂蚁是小妹妹，当然还有小弟弟。想象一下，现在有两个蚂蚁窝，两个家族。第一个家族里面每个成员只考虑自己，谁都不愿意当侦察兵。另外一个家族则有很多侦察兵。第一个家族会很快灭亡，因为没有蚂蚁去找新的食物源；但是第二个家族却能活着，蚂蚁将继续生存下去。简单来说，进化不仅和一个动物单体的成功和存活有关，也和家族的生存率相关。如果家族成员都有很好的品格，那么这个家族就会更容易生存下来。

足球明星梅西的儿子长大后也会踢球吗?

进化过程不仅影响了蚂蚁和蜜蜂的身体形态,还决定了它们的行为方式。人类也不例外,看看从祖辈继承下来的怪鼻子和弯腿就知道了。你的行为也是进化的结果,譬如你的天赋。顶尖运动员一般都有擅长运动的父亲或者母亲。有运动细胞的父母也经常在育儿的过程中鼓励他们运动,这样孩子擅长运动的可能性又增加了。音乐家和科学家亦是如此。只是……你身体的天赋在哪里?谁,或是什么决定了你会什么以及你的行为?

你的基因都有什么用?

邋遢大王长得像他的爸爸。他们不仅拥有相同的体格和身体姿态,甚至连走路的姿势都一样。科学家们认为体格和行走姿势由基因决定。基因存在于我们细胞里,每个生物体内的每个细胞里都有基因。基因决定眼睛的颜色、行走的姿势、嘴巴的类型、尾巴的长度、叶子的形状、皮肤的颜色、肢体的灵活度,还有刺长在哪儿。总之,基因几乎决定了大自然里的一切。

这是因为基因存在于细胞里,是每一个活细胞不可缺少的部分。你身体里的每个细胞都有大约三万个基因,这些基因决定了细胞的作用。你的头发里面有不同的基因:深发色和浅发色、直发和鬈发、粗发和细发……都由不同的基因决定。你眼睛的颜色、鼻子的长度,还有身体所有部位的形状都是由不同的基因所决定的。你的行为方式和天赋,也同样取决于基因。只是还有一个问题:你继承了谁的行为方式和天赋,你父亲的,还是你母亲的?

有其父必有其子

为什么有时候死亡是明智的决定？

有这么一个故事，一位美丽的女演员问一位才华横溢的学者，是不是应该一起养育孩子。"你的智商加上我的美貌，我们一定会生出既美丽又有天赋的孩子。"这位女演员说。"有可能……"科学家答道，"但是如果他们继承了我的外貌和你的智商呢？"

每个孩子身上都拥有爸爸和妈妈的基因，所以无法准确预测出最后到底像谁。鼻子会像爸爸的，还是妈妈的？是遗传了爸爸的数学天赋，妈妈的语言能力，还是都没有呢？这都很难预测。不是每个荷兰国家足球队员的儿子后来都会成为顶级足球运动员，但是顶级足球运动员的儿子比起钢琴家的儿子来，今后成为顶尖足球运动员的可能性要更大。

有什么比你的生命更重要？

一个细胞里面有三万个基因，那么基因肯定是非常小的。但不管基因多小，都至关重要。事实上，你的基因才是你的老板。因为基因不仅决定了你的长相，还决定了你的行为举止。蚂蚁和蜜蜂就有这样的基因，让它们在适当的时候选择死亡，这样才有利于家族的发展，而这种高尚做法的基因则会在家族成员里保留下来。

有点难理解吧？把基因看成包含重要使命的信息，可能就容易理解了。每只活着的蚂蚁都有自己的基因，也就是自己的信息。一只蚂蚁的信息和它的姐妹们是完全一样的，而且这个信息必须永远存在。蚂蚁自然会死，死之前它必须将信息传递给它的孩子，或者保证它的姐妹们带着相同的信息继续活着，以便再次将这些信息传递下去。这就意味着基因比单只蚂蚁的生命更重要！如果需要牺牲蚂蚁的生命来保证基因在家族中一代代传下去，那也只能如此。

你可能有些讨厌基因了，怪不得进化学家都说基因是"自私"的。基因似乎只为自己着想。然而，基因并没有这么想，因为它们不是活的，只是无生命的信息，只是刚好对所有生物产生了巨大的影响而已。当然，这一点科学家们也知道。

现在该知道的你差不多都知道了，我们可以开始这本书最重要、最有意思的部分：阐释生命的起源，以及地球上能想象到的最最简单的细胞是如何演变成今天所有的生物的……

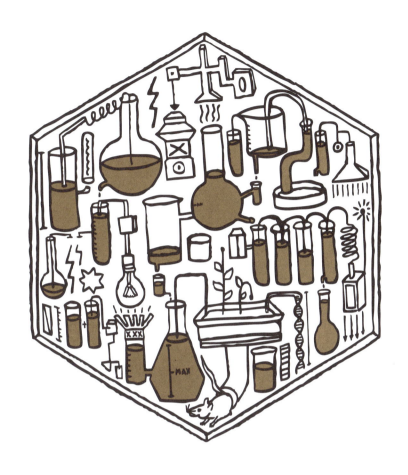

生命是如何诞生的?

"科学怪人"的秘密是什么？

　　在《科学怪人》(Frankenstein)这本书中，年轻的科学家弗兰肯斯坦试图让亡者复活。他用几具尸体进行实验，最终拼接成一个活生生的怪物……这作为图书或者恐怖电影的内容来说当然很有趣。但在现实中，这就完全是胡扯了。让已经死去几天的人起死回生是绝对不可能的。但如果把像乐高积木一样没有生命的分子集合起来制造一些活物，这倒是有可能的，不然现在你就不会读到这句话了。

　　要解释生命的起源，我们必须回到地球的起点。当时的地球是一个炽热而又有毒的行星，任何已知的生命形式都不可能生存。生命终于出现后，又因为地球和其他行星碰撞而灭绝了。那次碰撞异常激烈，以至于没有任何生命能够幸存下来。但是，在此之后的某个时候，这个死寂的星球又出现了生命。近几十年来，科学家们一直在思考这是怎样发生的。好消息是，他们已经找到了这个问题的第一个答案。

什么是生命？

　　在解开生命起源之谜前，我们要先知道什么是生命。为什么邋遢大王有生命，而他的手表却没有？他们都存在，都会动。如果你把一个重达 16000 公斤的石头砸在他们身上，他们就都不会动了。所以一定有什么东西能让邋遢大王有生命，而他的手表却没有。

　　在书的开头，我们提到过死亡。一切有生命的东西都会死亡。正是死亡将草履虫和超级现代机器人区分开来。邋遢大王会死，而他的手表不会。但是，"会死亡"当然不是对生命最合适的定义。生命体还必须在活着的时候做一些非生命体无法完成的事情。

　　例如，手表无法完成的事情之一就是自我繁殖。但是邋遢大王就可以，他有两个儿子和一个女儿。但仅仅是自我繁殖，还不够。有些非生命体也可以自我复制，比如说计算机病毒——一种可以通过互联网，从一台计算机扩散到各台计算机的程序。曾经有一个计算机病毒，在一台计算机上启动后，一夜之间传遍了全世界数百万台计算机，这个复制的速度太快了！

第一个生命从何而来？

　　进食，手表也不会。邋遢大王每天都得给手表上弦，保证手表正常运转。但电子表却可以"进食"，它们看上去像是在吃电池里的能量。再想一下"饮用"汽油的汽车。所以说仅仅靠进食也不能区分生命体和非生命体。不过，一个东西如果会自我繁殖、进食以及死亡，那就肯定是有生命的了。在地球历史上的某个时刻，从一群没有生命的分子里面生出了一个小生命体，一个会吃、会自我繁殖、会死亡的小生命。这简直就是一个天大的奇迹，这样的小生命到底怎么就突然活了呢？

生 命 是 ：

……死亡？

……繁殖？

……进食？

地球上第一个生命的秘密是什么？

　　如果试想一下这个世界几十亿年前的模样，你就会发觉，地球上第一个生命的出现似乎是一个更大的奇迹。当时的地球不仅是一个有毒物质和高温的混合体，还被闪电、致命的阳光和无数陨石所威胁。然而，极有可能正是这种毁灭性的组合因素造就了生命，因为只有在这样的条件下氨基酸才能生成。氨基酸是让生命成为可能的分子组合。所有生物都由氨基酸组成，它是所有细胞、动物和植物的基石。比如，肌肉就不能缺少氨基酸。这就是为什么健美运动员会大量摄入氨基酸，以希望肌肉发达。

试管里怎样培育出生命？

氨基酸本身并没有生命，但是它们随处可见。氨基酸之于生物，就像黏土之于茶杯。湿黏土需要先揉成茶杯状，再烘干，杯子才能成型。氨基酸也一样，必须先转化成蛋白质。蛋白质只存在于有生命的东西中，因为细胞是由蛋白质组成的。唉，一些令人难以置信的白痴用了"蛋白质"这个词，让人马上联想到蛋白。但我们的整个身体，主要都是由蛋白质组成的，植物也含有蛋白质，就连细菌也是由蛋白质组成的。简言之，蛋白质无处不在，不仅在蛋中。事实上，蛋白里也含有蛋白质，而蛋黄里的蛋白质还更多呢！

好了，关于蛋白质的话讲得够多了，让我们回到氨基酸这个话题上来。氨基酸是怎样产生的呢？斯坦利·米勒（Stanley Miller）教授也探索了这个问题。为了找到这个问题的答案，他在试管中模拟了几十亿年前地球的环境。他放入当时地球上的有毒混合气体，将温度升到75摄氏度，在里面通入电流来模仿闪电。之后发生了什么？出现了氨基酸！

DNA 是什么，为什么总是出现在警匪片中?

可惜教授高兴得太早。近年来，其他科学家们发现，当时的地球并不像斯坦利·米勒在他的试管里模拟的那样。不过，米勒实验的价值依旧是不可估量的，因为他证明了在合适的条件下，氨基酸是可以合成的。

然后我们来到第二步：蛋白质是怎样产生的？非常简单：用脱氧核糖核酸。脱氧核糖核酸是一种把氨基酸转换成蛋白质的分子，它们就像你的手，可以将黏土做成杯子。脱氧核糖……（你已经厌烦这个词了吧？科学家们也是，所以他们简称其为DNA，你经常听到的一个缩写。电视播放的警匪片对此很着迷。如果你继续读下去，你就会知道为什么了。你肯定也见过DNA分子的形状，一种螺旋形的云梯结构。在科学界，他们并不称之为环形的螺旋，而称其为"双螺旋"。）所以，DNA对地球上的生物来说是必不可少的。

怎样造出一个邋遢大王？

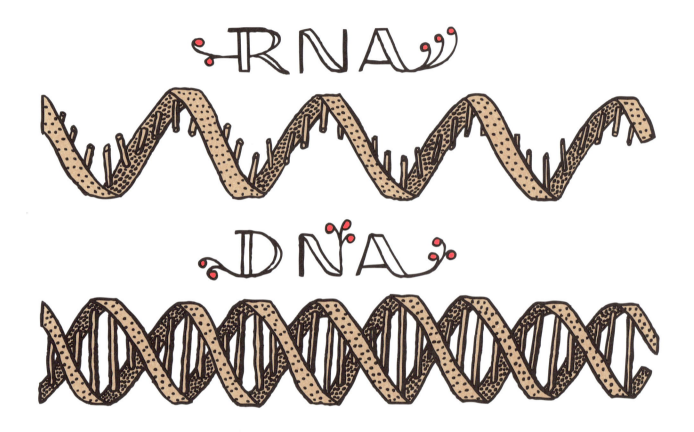

　　所有关于你的外表和身体结构的信息都存储在 DNA 里。有些人将 DNA 比喻成一本菜谱，里面包含了人类、动物和植物的食谱。其他人则视其为建筑蓝图。在邋遢大王的每一个 DNA 分子中，你都能看到构造邋遢大王的指导步骤。但 DNA 的功能不仅仅如此，你还可以把它看作一个工厂：将氨基酸转化为构建你身体各个部分的蛋白质。

　　DNA 分子由长长的分子链组成。在 DNA 分子上，你会发现很大一部分基因，它们只是 DNA 中的一些片段，就像一辆长火车的车厢。每个人长得不一样，因为每个人都有自己独特的 DNA。现在你应该明白为什么 DNA 是每个调查谋杀案的警探的最爱了吧。我们的身体里，每个细胞里都有一样的 DNA。所以只要你有杀人凶手的一根头发，就可以用它来和嫌疑犯的 DNA 进行比对。如果一致，那么这个嫌疑犯就是杀人凶手。

先有鸡，还是先有蛋？

DNA 分子存在于每一个活细胞里，是非常小的，但这样的一个分子长链展开来，有足足两米长！你身体里有那么多的细胞……如果你逐一展开身体里所有的 DNA 分子，长度相当于地球到太阳距离的五百倍。

几十亿年前一定就有氨基酸了，而能够将氨基酸转化成蛋白质的 DNA 应该也已经存在。那就意味着……呃……嗯……呃……也就是说事情没那么简单。因为 DNA 不是自发产生的，它需要特定的分子。你可以猜猜是哪种。没错，是蛋白质分子！你需要 DNA 来生成蛋白质，同时需要蛋白质来获得 DNA。这就是一个先有鸡还是先有蛋的问题。谁出现得更早：鸡，还是蛋？鸡是从蛋里面孵出来的，而蛋又是出自……鸡。这个关于 DNA 是怎么出现的难题是地球上最古老的先有鸡还是先有蛋的问题。生命不能没有 DNA，蛋白质不能没有 DNA，因此没有 DNA 就没有生命。啊！

先有鸡还是先有蛋的问题现在解决了吗？

如何解答先有鸡还是先有蛋的问题呢？几乎无法解决。但我们知道一定有一个答案，因为鸡和蛋都存在。DNA 和蛋白质的问题也是如此。最明显的解决方案是：RNA。RNA（如果你一定要知道它的全称，那就是"核糖核酸"）和 DNA 非常相似，但是没有螺旋形状，呃……"双螺旋"结构。和 DNA 一样，RNA 也包含了关于生命的信息。嗯，更重要的是，它可以自我复制。RNA 分子是地球上第一个可以产生"后代"的分子，因为 RNA 不需要蛋白质也可以存在。因此，RNA 在生命出现的最初可能充当了蛋白质和 DNA 的角色。然后出现了蛋白质构成的 DNA。虽然现在还没有最终的证据，但是科学家们正在努力寻找。

我们接下来的问题是：RNA 是怎么产生的？ RNA 也是一个很长的分子，结构复杂。就像是如果你把几十亿包字母面条倒入海洋中，一直等到字母被冲上岸自发地组成贾斯汀·比伯（Justin Bieber）的歌词。这种事情发生的概率并不为零，却小到接近于零。

如何把物体"变活"？

　　幸好 RNA 有点不一样。RNA 由不同的化学物质组成，它们必须遵循特定的化学规则。这些物质中的一些分子相互吸引，其他的则相互排斥。可以用字母打比方，有些字母经常会排列在一起，有些则永远不会彼此相邻。比如像"fsdg""hhrtrgdd"或是"yyttyiii"这样的词是不存在的。"Ohab""ybaba"和"abby"看上去就稍微靠谱点了，已经更接近"baby, baby, baby oh……"（宝贝、宝贝、宝贝，噢……）了，不是吗？

　　你可以在家做一个小实验，看看这一过程实际上是怎么产生的。在寻常物质里的分子结构突然变化，并自发获得了一种类似有生命的形式。请注意哦！

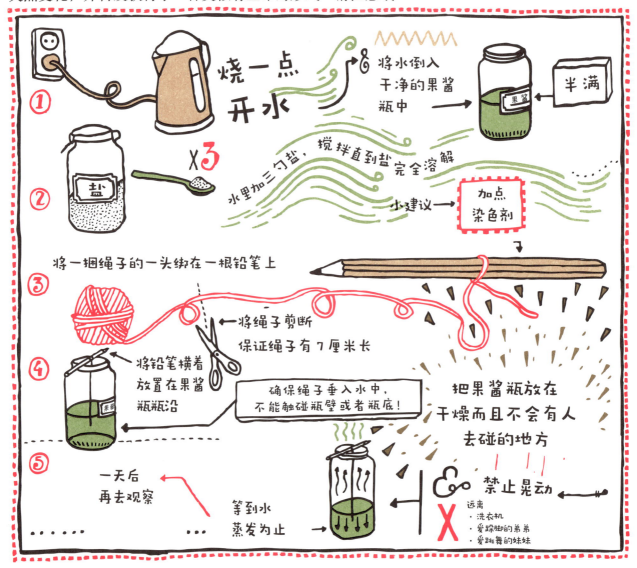

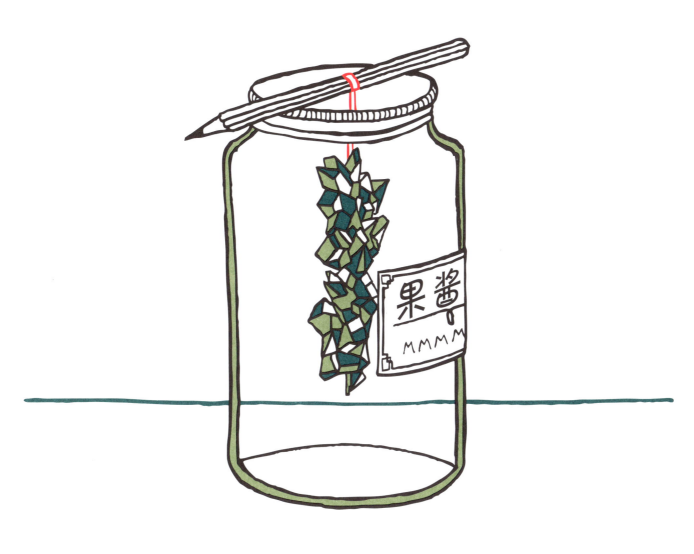

盐有生命吗？

会发生什么呢？会长出一棵"盐晶树"。水蒸发时，盐晶体会慢慢爬上来，就像是活的一样。事实上，盐并没有生命，只是遵循了各种化学规则。RNA 的形成也是如此，但却复杂上百万倍。这并不是坏事，因为 RNA 是在上亿年的过程中形成的。科学家们已经尝试用实验来产生 RNA，结果呢？他们成功了！RNA 比起 DNA 来还是简单一些。DNA 产生于 RNA 几乎已经是不争的事实。

第一个生命看上去是什么样子？

我们现在知道的地球上最简单的生命就是单细胞生物。然而，这样一个简单的细胞已经相当复杂了。一个细胞就像一个小小的身体，它有一个细胞核，细胞核里有 DNA 分子和基因。细胞核就像是细胞的大脑；里面的部分有着听上去很有意思的名字，如"核糖体"和"线粒体"，可以把它们看成是细胞的器官；还有"细胞质"，在一定程度上可以和血液作比较；此外还有细胞膜，包住所有内部结构。为了让细胞正常运转，还有很多不可或缺的部分。简言之，真的非常复杂。实在难以想象，第一个生命体一出生就是这个样子。

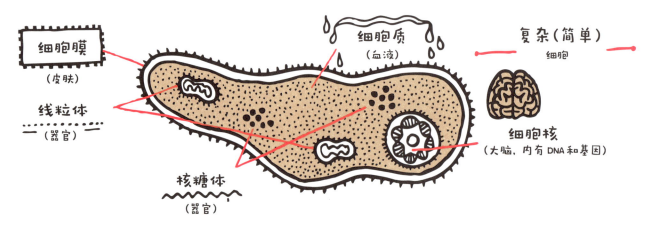

第一批细胞看上去一定简单得多，就像是现在的速成品一样。第一批细胞没有细胞核、线粒体或是核糖体。相反，所有的氨基酸、蛋白质、RNA 和 DNA 分子都聚在一起。RNA 和 DNA 分子给氨基酸和蛋白质分配"任务"。它们一起做了细胞的工作：吸收有用的物质和排出多余的物质，并培育新的"细胞"。

要看看比恐龙还要古老的生物吗？

这些物质和分子由一层脂肪酸粘在一起，脂肪酸是组成细胞膜的成分，所以最早的细胞是开放式的，就像一堆在一层脂肪酸上的字母"C"形状的生命物质。这个"C"越是封闭变成"O"型，它们越容易结合在一起。最终细胞自我封闭，所有部分发展成为功能正常的核糖体、线粒体和剩下的部分。

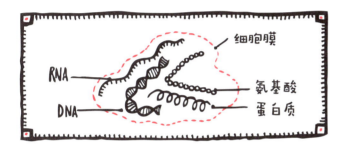

如今还存在非常简单的细胞，它们的样子和最早那一批封闭的细胞没什么差别，比如某些细菌。不是那些拥有超级豪华鞭毛的细菌，那是经过几十亿年的进化后才出现的。不，它们是没有细胞核和线粒体的简单细胞。这些细胞在几十亿年里几乎没有变化过，因为它们已经运作得很好。它们随处可见，如果你想看看数十亿年前的生命体，只需要用到一个好的显微镜，就可以看到比霸王龙还要古老数十亿年的生物！不过，呃……只是没有那么壮观就是了。

地球曾经超重吗？

关于地球上生命的起源还有很多未解之谜。但是我们逐渐可以更好地理解这一过程是怎么发生的。此外，我还没有提到关于生命起源可能性最大的说法。这和陨石有关。

小心一点儿！轰隆！当你正在读这一段的时候，地球被来自宇宙中的某个物体轰炸了！这些物体就是陨石。我们也称其为宇宙之石。因为陨石的坠落，导致地球重量每天都增加好几百万公斤。不过你不必担心：你被陨石砸到的机会微乎其微。而且地球非常非常重，以至于可以完全忽略这几百万公斤的物体。地球到底多重？非常重：六尧（六后面二十四个零）公斤！不管怎样，有些陨石里面包含了氨基酸。我们确信这种氨基酸来自太空，因为和地球上的完全不一样。

地球上的生命真的是在地球上诞生的吗？

既然宇宙比地球要古老，那么氨基酸通过陨石降临到地球的可能性就很大。比如，有一颗八十亿年前就存在氨基酸的行星，之后这颗行星可能碎裂飞溅开来，而其中一块或者几块含有氨基酸的碎片，可能就为地球上的生命提供了基础。

因此，地球上的生命可能有不同的方式起源。不仅地球如此，整个宇宙都是如此。这样一来，寻找生命起源的最终证据就更加困难了。另一方面，也使得生命的诞生显得没那么特别，而是更合理和正常了。

在原始海洋中生活

地球上最早的生命出现在哪里？

　　我们不能准确知道地球上的生命是怎样诞生的，也不确定它最早出现在哪里。或许，生命极有可能同时出现在好几个地方。不过有一点是可以肯定的：无论如何，都是极其不适合人类生存的地方，因为这些地方必须满足几个复杂的条件。

　　首先，那里必须非常炎热，大约在 70～80 摄氏度之间。低于该温度，分子会因活跃度太弱而无法形成氨基酸；高于该温度，又会破坏分子结构。其次，那里没有强烈的阳光直射。那时候的地球没有大气层，每一道阳光都是致命的。最后，那里必须有水。最早的生命诞生于一种原始汤，众所周知，做汤是需要水的。能同时满足这三个条件的地方并不多，来，让我们仔细研究一下。

最早的生命诞生于热气腾腾的泥坑里？

假如你在沙滩上，手边有一把铲子，还有充裕的时间，那么你只要挖一个6370千米深的坑，就到地球正中心了。不过那里并不舒服，因为至少有4000～7000摄氏度的高温。挖得越深，温度就越高。地球的地壳很厚，以至于我们完全感觉不到地心的热度。但有些地方的地壳相对较薄，例如冰岛和美国黄石公园，地壳薄到地下水几乎会沸腾着喷出地面。这就形成了间歇泉。

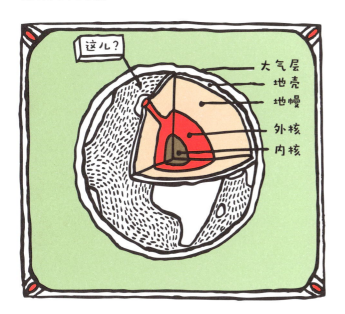

在地球上致命的环境里什么物种可以生存下来？

一些湖泊和水池也被地心温度加热，有的水池你冬天的时候泡在里面会很舒服。不过也可能是臭气熏天、满是烂泥的小湖，酸到里面所有的东西都被腐蚀，热得生鸡蛋放进去马上就能煮熟，毒到近距离呼吸湖面的气体就能让你窒息。这样的环境居然是生命的起源理想之地！

哈哈，你一定会想，那样的环境里怎么可能会有生命存在呢？好吧，仔细想一下，微生物（所有用肉眼看不到的生物总称）恰恰能在85摄氏度高温的环境下繁衍生息，酸性环境（酸性强到可以腐蚀一辆自行车）更是它们安居乐业的天堂。你看，这些生物真够顽强的！

这样一个炙热无比的泥坑，至少满足了三个条件中的两个：高温和水。不过由于水不够深，阳光仍然可以毫无障碍地射入水中，但这也不成问题。这些泥坑一般位于火山附近，我们知道，那个时候火山活动非常频繁。火山一旦喷发产生的大量火山灰和浓烟，能很好地将强烈的阳光阻挡在外面。这样一来，三个条件都满足了，简直太棒了！

地球上生命力最顽强的生物是什么？

研究人员发现，在这样的泥坑里生活着不同种类的细菌，它们应该属于地球上最古老的生物群了。他们甚至还发现了一种全新的生命形式——古生菌，这种生命形式从未在其他地方发现过。如果要说最顽强的生物，就非它莫属了！它们极端嗜热，有些甚至生活在121摄氏度的高温里；另一些古生菌极端嗜冷，生活在极度严寒的地方；还有一些古生菌则生活在盐度、酸性或者毒性极高的环境中。

古生菌和细菌有很多相似之处：它们都是单细胞，而且体型都非常小。有些古生菌甚至还有鞭毛，不过这些鞭毛的功能和细菌的完全不同。此外，古生菌的结构和细菌也大相径庭。所以说，进化可以通过不同的方式产生相似的结果。在本书后面，你也会看到一些惊人的例子。

无论如何，这些热气腾腾的泥坑很有可能为地球最原始的生命提供了栖息之地。

还是诞生于海底?

海底也满足水、高温、无阳光这三个条件。当然不是海底的任何地方,而是海底地壳较薄的地方。这些地方地壳缺失,液体熔岩从海底渗出,温度极高,四周的水温甚至可以高达几百度。通常沸腾的水会立刻蒸发,但那里水压巨大,就像你头上顶着由灌满水的水桶叠成的高达 1000 米的高塔。

这样恶劣的环境,应该没有生命吧?这样的高压谁能受得了?不,其实海底物种非常丰富,它们仿佛再自然不过地生活在那里。除了古生菌和细菌,还有蠕虫、蜗牛和虾等生物。

这么看来,生命也极有可能诞生于海底了。

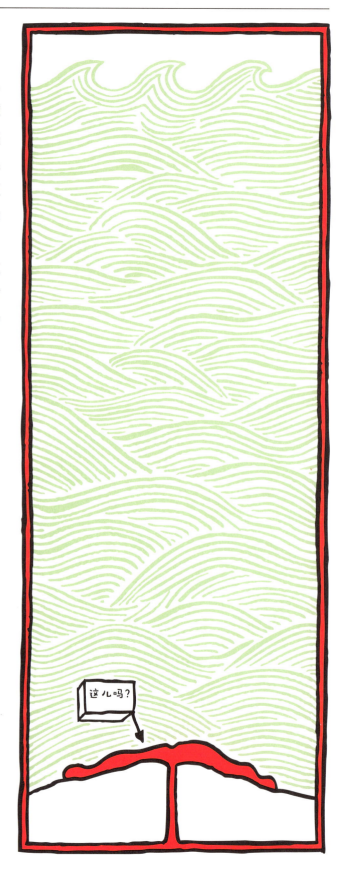

或者诞生于地底?

地底深处有地下水。那儿没有阳光,而且温度很高。这种环境也满足地球上最原始的生物诞生的条件。那地下究竟有没有生命呢?当然有了。即使在比海底和沸腾的泥坑更不适宜的地方,也有生命出现。

地底下最引人注目的生命形式当属鼻涕菌了。不,这个词不是我自己虚构的,它们真的叫这个名字,是一种像鼻涕一样、悬挂在洞壁往下滴的细菌。这种细菌生活在致命的有毒空气中,并以有毒物质为食。它们会分泌硫酸。杀人犯常用这种强酸溶解受害者的尸体,这样就不会留下任何蛛丝马迹。

永生的细菌?

这还不算什么。鼻涕菌在没有氧气、没有食物、充满有毒气体的空间里活了数百万年,堪称世界生存冠军。它们怎么做到的呢?

它们的生存方式和死亡差不多。鼻涕菌几乎不吃东西,也不动,更不繁衍。有时它们会消耗一些硫酸或铁分子。偶尔,极其偶尔会消耗一点氧气。啊哈!所以有氧气!嗯……不过几乎和没有差不多。这些氧气少得可怜,哪怕你用世界上最精密的仪器,也无法测出几千年来这些细菌消耗的氧气量。

在恐龙的年代,细菌便存在了,所以它们真的非常非常古老。也许它们不会一直生存下去,但几个世纪绝对没问题。那么最老的细菌有多老呢?大约一百万岁吧。细菌可以如此长寿是因为摄入得很少。一个人两个月就能摄入自身体重那么多的食物,但细菌至少要花一千年。

所以,这三个地方很可能是地球上生命的发源地。

太阳底下有什么新鲜事？

生命出现了！从那一刻起，这些热水里的细胞后代开始快速繁衍，并很快攻占了整个地球，完全停不下来。有些单细胞生物留在原来的地方不变，有些在几百万年的进程中不断调整，以便适应更正常的温度，还有一些则适应了寒冷的环境。不过不管你到哪里，海洋里都充满了各种单细胞生物。接下去呢？

接下去什么也没有发生。

再接下来依旧什么也没有发生。

接着的数百万年依旧什么也没有发生。

是的，当然，这些单细胞生物不断繁殖，并产生了各式各样新的物种。不过不得不承认，这也没有多么壮观。几亿年来，地球上只有微生物存在，除了随处漂移、进食和繁殖后代，它们什么也没做。就这样又过了几亿年……

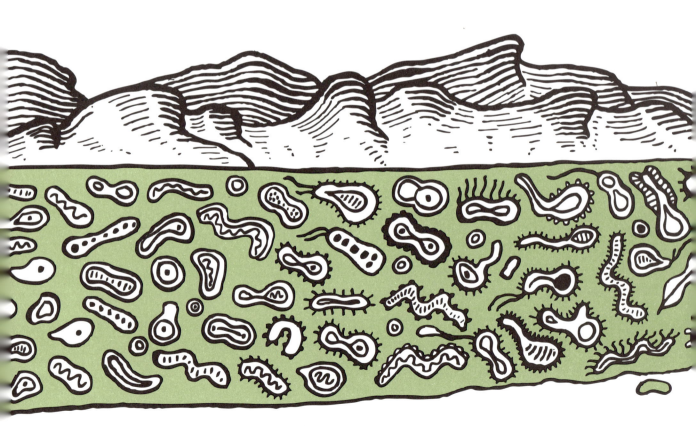

几百万岁的"鼹鼠丘"？

这几亿年里，单细胞生物有机会发展得更复杂。随着时间的推移，它们慢慢地有了小小的细毛，最终发展成外观精致的鞭毛，接着出现了一种完全不同的生物：它们不仅仅从周边环境中摄取能量和食物，还从阳光中吸收养料。几百万年来，让一切生命衰亡和腐朽的阳光，反而成了这类生物的生命之源。

至今在澳大利亚仍能发现地球上这类"日光浴者"的足迹——叠层石。它们看上去有一点像变成石头的蘑菇，或者从土块里挖出来的牛粪。那是几百万个单细胞生物堆积在一起的小山，它们粘在一起，像一堆活的"鼹鼠丘"。老死的细胞石化后，最外层又会覆盖一层新的细胞。通过这种方式，它们可以长成巨大一块，大到在约三十亿年后作为化石被人发现。而且……还是有生命的化石！因为叠层石是不会消亡的，你总能在地球的某处找到它们。

地球上最大的污染物是什么？

除了叠层石，还有很多物种从阳光中汲取能量。因为太阳每天都会照射，从阳光中汲取能量是最容易生存的方式。我们现在认识的大部分生命形式，比如树木、植物、藻类植物、海藻，都是靠阳光过日子，它们都是第一批"日光浴者"祖先的后代。

太阳能为这些新物种带来很多好处。它们很快繁衍并布满地球各处，其速度之快以至于产生了一个大问题：这些新物种相互之间会排放一种有害的危险气体，让地球中毒了。这些物种是地球上第一批污染源，它们释放的可不仅仅是一点气体，而是多到差一点毁掉了我们星球上所有的生命。这种致命的、极具杀伤力的有毒气体究竟是什么呢？氧气！没错，就是我们现在赖以生存的氧气。一个人的废物可能是另一个人的宝……

细菌是怎么演变成鲸鱼的？

　　幸好生命并没有完全被氧气消灭。即使用最毒的毒药，要消灭所有的生命也没有那么容易。用农药对付农作物害虫的农民们就清楚地知道，每种农药的效果都是有限的。刚开始几乎所有害虫都会被除掉，但总有些顽强的害虫屡除不尽。而这类害虫的基因也因此一代代传了下去。它们的后代生命力也很顽强，甚至比先祖更强，这些后代及它们的后代对农药的抗药性强大到完全不会因为农药的毒性而死亡。几百万年前氧气也是同样的情形。有一些细菌和古生菌就适应了有氧气的环境，从这些单细胞生物进化出了鱼类、爬行动物、鸟类以及哺乳动物，从微乎其微的蓝绿藻到体型巨大的蓝鲸。

　　从微小的细菌进化成像鲸鱼这么大的动物，需要一个重要的特性：细胞之间要能够很好地合作。你仔细想想看，所有的细胞都很小，没有任何一个细胞是巨型的。最大的细胞你用肉眼也只能勉强看到，比这更大的细胞是不存在的。所以，你要成长的话，必须由更多的细胞组成。在地球最初的几亿年间，这种进化是不可能的。多亏了新物质氧气的存在，一切突然变得可能了起来。

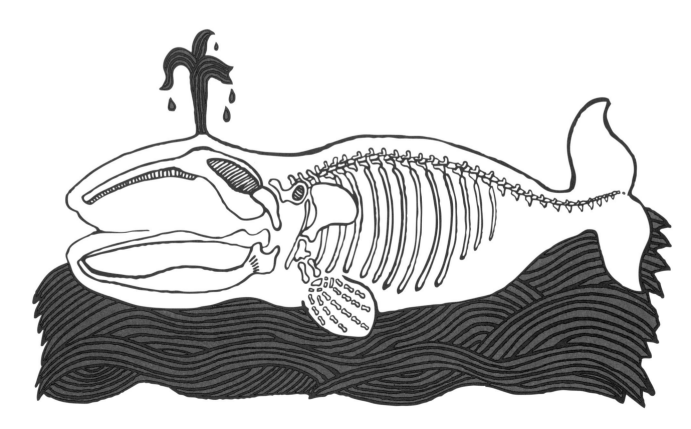

如果把海绵放入绞肉机，会发生什么？

多亏有了氧气，一种全新的蛋白质突然诞生了，各式各样新的细胞也因此诞生了。其中一些细胞含有胶原蛋白，这是一种胶状物质。细胞因此可以粘合在一起，组成一个更大的细胞体。于是，树、鲸鱼、蘑菇，还有邋遢大王就这么诞生了。在动物世界里，胶原蛋白是最常见的蛋白质之一。

合成动物最典型的例子就是海绵（多孔动物的通称）。它们是现存最古老的多细胞动物之一，通过海绵可以很好地观察到单细胞动物如何过渡到多细胞动物。海绵只含有为数不多的几种细胞，它们没有鼻子、心脏和大脑。〔更没有眼睛和四方裤！但真的有一种真菌叫海绵宝宝蘑菇（*Spongiforma squarepantsii*），没错，就是以海绵宝宝（SpongeBob SquarePants）命名的。〕大多数海绵细胞功能都一样，你用一块活海绵做实验，就会发现这一点：把海绵切成小块，放进绞肉机搅碎，接着将"海绵糜"过筛，再用搅拌机打成糊，放入盛满水的容器里，等上几周，就会出现一块全新的海绵。所有细胞再次聚在一起，好像什么都未曾发生过一样。

如何从一团口水中做出石膏？

多细胞生物优势很多。海绵细胞可以合作聚在一起，固定在合适的地方，这样不会被水流冲走，并从水里过滤出所需要的食物。每个细胞互利互惠，相互依存。团结就是力量。要是每个细胞都有着不一样的职责，那么这样的合作就更是好处多多了。就像球队里有守门员、前锋和后卫，这总比除了守门员、前锋和后卫就没别的队员的球队赢球的机会更大。一个有眼睛、鼻子、嘴巴和心脏的人，比有一千只眼睛、十五个鼻子却没有嘴巴的人生活更方便。由各种不同细胞构成的生物，也是一样的情况。

由此可见，一个由许多不同种类细胞组成的生物体，比一个只由几种细胞组成的生物体，例如海绵，更适应生存。那么由多种不同细胞构成的生物体是怎么形成的呢？这类生物中最古老的物种是什么？呃，要追本溯源可没有那么容易。你得找到相关的化石，但这并不是一件容易的事情。就比如你挖出了一头数百万年前的恐龙，你不可能找到它的心脏、舌头或者大脑。你找到的总是身体较硬的部分，比如说骨头和牙齿。就像贝壳一样，因为它们也同样坚硬。因此，你可以发现几百万年前不计其数的贝壳、蜗牛壳，尽管居住在里面的生物早已消亡。不过地球上最早一批生物并没有骨头或贝壳，它们甚至脆弱而又柔软。如果这些生物能形成化石，那几乎就是发生了奇迹。就像你想从一团口水中做出石膏一样，看上去是异想天开，不过却不是天方夜谭。

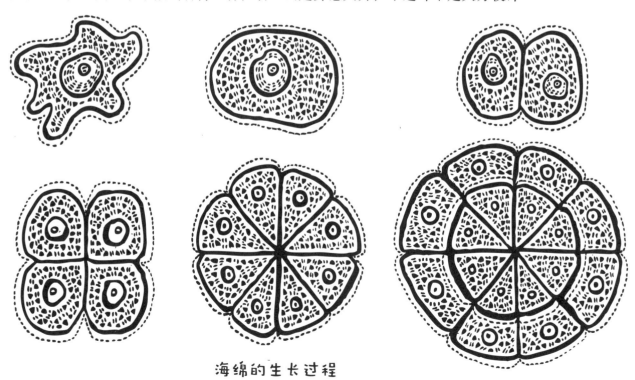

海绵的生长过程

水母化石如何形成的？

想象一下，有一些生物生活在浅水区域，附近有火山喷发，数百万斤的火山灰被喷到空中。这些火山灰落到水里，将这些动物覆盖住，这些动物就死了。覆盖着这些动物的火山灰变成了一层泥，而随着几百万年时间的推移，泥逐渐被石化了。这样的事情时不时发生。不过问题是，这些化石都藏在厚厚的岩石层里，并不能从表面清晰地看到。但是，当石头被水、冰或流沙侵蚀之后，这些化石就会慢慢地显露出来。

通过这种方式，我们可以很好地观察到几百万年来生命进化的过程。

什么样的"发明"诞生了今天的生命？

　　得益于最古老的化石，我们可以确切地知道生命是如何从海绵发展成邋遢大王的。看上去像时不时有新的"发明"出现，使得地球上的生命越来越精彩。从化石研究中我们发现，水母是地球上最古老的动物之一，但已经比海绵进化得更好。尽管它们身体大部分是由同一种细胞组成的，但已远远超过海绵了。比如，水母有了肌肉组织，可以移动。

　　最早的水母结构相对简单，无头无脑，没有前胸后背，毫无方向感。随着水母的不断进化，出现了极为重要的感光细胞，可以区分光线强弱。这是眼睛的第一个开始，尽管和现在的眼睛完全无法比较。因为"看"不仅仅需要用眼睛，还需要用脑，而水母却没有。

没有屁股怎么活?

有些水母在进化过程中有了前胸和后背,这简直是一个彻底的突破!渐渐地,这些水母变成了一种细长且扁平的动物:扁虫。扁虫有了小小的大脑和感光细胞,能够在黑暗中区分光线的强弱。所以,扁虫是第一种真正有视力的动物。然而,水母和扁虫却有一个你绝对不想有的问题:它们进食和排泄是同一个口……一边吃一边拉真的很尴尬啊,而且肯定难以下咽。但最终一些扁虫进化成了像圆形吸管一样的蠕虫,它们可以用口进食,用肛门排泄。(很多人认为,如果你把蚯蚓从中间对半切开,一条蚯蚓就变成两条了。无稽之谈!蚯蚓会蠕动一会儿,但很快就会死掉。为什么呢?因为只有嘴巴或者肛门是无法生存的。)

在单细胞生物盛行的时代,物种的进化速度仍然异常缓慢。直至各种蠕虫随处爬行的那一刻,进化的速度才开始逐渐加快,紧接着各类新物种以惊人的速度纷至沓来。其中一个原因就是地球变暖了。数千年来地球一直极为寒冷,一些科学家甚至认为,在某个阶段地球就是一个巨大的雪球,从两极到赤道都被冰雪覆盖,只有在冰层下面水温稍微高一点的地方才有生命迹象。而在冰层里,那些被冻住的细菌在冰融化后苏醒了。然而,地球变暖并不是"物种大爆发"最关键的原因,交配才是。在我开始这个话题前,你首先要知道一些小型生物没有交配是如何繁殖的。

不交配怎么生存?

如果小鸟、小兔子或者小象鼻虫的父母不交配,它们就不可能出生。然而,交配并不是唯一的繁殖方式。地球上第一批生命体就没有交配,它们都是些非常细小和洁净的小生物。所有新的细胞、水母和扁虫,出生时都没有父母。一个细胞分裂成了两个细胞,两个细胞继续分裂成四个。扁虫会一分为二——不是横向,而是纵向,以保证两个部分都有嘴巴和肛门,然后这两部分分别成长为新的、大的扁虫。水母也是以同样的方式分裂并长成新的水母,也就是说每一个水母和扁虫的孩子都是它们父母自己复制出来的。

DNA决定了一个生物体的长相和行为。如果一个动物通过自我分裂而繁衍后代,例如我们刚刚提到的扁虫,那么它们"孩子"的DNA将和父母的完全一样。如果是这样的话,就无进化可言了。但是,进化还是发生了。

交配是如何改变世界的？

找出一张清晰的照片，并为这张照片拍张清晰的照片。新拍出来的照片和原来的照片肯定一模一样。然后再为这张新的照片拍张照，拍出来的当然还是和之前那张一样。以此类推，拍一百张照片，再将最后一张照片和第一张比，你会发现什么呢？最后一张和第一张照片竟不完全一样了。但如果将新拍的照片与前一张比较，并不能看出什么差异。DNA 亦是如此：每一只扁虫都和它的父母一样，随着时间的推移，DNA 逐渐产生变化，但这个变化过程是缓慢的。在复制过程中，会出现些许小的错误，这些错误太小以至于你完全发现不了，但是几百年后，这些不同会变得明显起来，更别说几百万年后了。

如果同时有了爸爸妈妈，这个变化就快得多了。你和你的爸并不可能像一个模子印出来的。你的鼻子可能和爸爸的一样长，或者和妈妈的一样翘，或者介于两者之间。你只遗传了爸爸和妈妈一半的基因，（外）祖父祖母四分之一的基因，（外）曾祖父祖母八分之一的基因。这样一来，变化出现的速度也越来越快。

没有厮杀怎么生存下去？

突然，物种大量出现，这还只是物种大爆发的前兆。随后，有鳍、有肌肉和有触手的动物越来越多。新的物种十分活跃，它们运动得越多，消耗的能量也就越多。例如，一个普通成年人一天需要消耗大约 2500 大卡的热量，相当于十二块撒满巧克力糖粒的切片面包；一名自行车车手

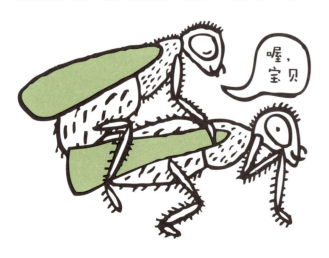

在一个赛程中需要消耗 9000 大卡的热量，也就是四十三块撒满巧克力糖粒的切片面包。可见运动会消耗大量的热量。地球上最早的动物几乎不怎么动，实际上它们只有三种速度：缓慢、极其缓慢或静止。这些动物只要少许进食，就可以满足一天所需的热量。但新的物种完全不同，它们必须寻找最有营养价值的食物。哪种食物所含的热量最高呢？几片生菜的热量只有几卡，对最早的动物而言已经足够，所以它们只需要吃蔬菜就可以了。但是，新的物种需要的远远更多，植物和藻类食物满足不了它们。为了获取更多的能量，它们开始吃……其他的动物。这可谓是"地球上的第一批杀手"！或者更准确地说：食肉动物。肉类食物含有更多的热量。要获得 100 大卡的热量，你要吃掉两大棵生菜，而 30 克牛排就有这么多热量了。一头奶牛每天需要吃掉约 90 公斤的草，而一头狮子吃几公斤肉就足够了。

五亿五千万年前的动物园可能是什么样的？

食肉动物对进化的速度有着不可忽视的影响。哪种食肉动物的生存机会最大呢？当然是最快、最强大、最危险的。哪种猎物逃生概率最高？无外乎最善于伪装、最具有防御力和自我保护能力的动物。因此，食肉动物在进化过程中变得越来越强大，越来越危险，而它们的猎物则渐渐具备各种各样的自我防御技能。全新的物种也因此产生了。

假设在那个时候有一个很大的动物园（啊哈，一个很大的水族馆，因为那时候的生命都在水中)，你会遇到哪些动物呢？如下图所示：

①欧巴宾海蝎（Opabinia）

一种怪异的食肉动物，大约 8 厘米长，有五只眼睛。它的杀猎武器是位于长吻末端的具有抓握性的刺状物。

②威瓦亚虫（Wiwaxia）

最早拥有保护性的鳞片和刺的动物。威瓦亚虫只有几毫米长，最长不超过 5 厘米。

③金伯拉虫（Kimberella）

它到底是一种水母还是一种类似蜗牛的软体动物，科学家们一直有争议。它当然哪种都不是，而是介于二者之间。这种动物的特别之处在于：它有一层类似外壳的结构，但不像贝壳或者螃蟹的壳那么坚硬，而是柔软且有弹性的。

④海参（Holothuria）

一种怪异的软体动物，带有奇特的防御技能。遇到危险情况它们会排便，而且是不停地排。哪怕已经排泄干净，它们还是会继续，甚至连肠子和内脏都会排出来。袭击它的食肉动物看到会大吃一惊，然后将它们的内脏吃掉，而没有内脏的海参还可以继续生存，不久后内脏又会自己长出来。（我们怎么知道的？难道有人发现过正在大便的海参化石？不是

的，它们至今还活着，我们还称它们海黄瓜！）

⑤怪诞虫（Hallucigenia）

这究竟是何方生物？看名字就让人一头雾水。它的躯干两侧有两排足，背部有奇怪的触手，简直就是个四不像。所以，人们称之为怪诞虫——就像服用过多药物后产生的怪诞错觉。实际上呢？科学家最初发现怪诞虫的时候，上下弄颠倒了，他认为的"脚"其实是它背上的刺，奇怪的触手才是真正的脚。

⑥斯普里格蠕虫（Spriggina）

这是当时的超现代动物。它有鼻子，还有眼睛。这是最早一批在进食前能看到并嗅到食物味道的动物之一。对我们来说这再正常不过了，但在那个时代，却是轰动性的进步。有些科学家认为斯普里格蠕虫是一种食肉动物。

⑦奇虾（Anomalocaris）

化石被发现之前奇虾对科学家来说也是一个谜。起初，科学家们发现了一些奇怪的生物，完全没办法知道它们是怎么构成的，直到后来才渐渐有了头绪。原来那些化石根本就不是不同的生物，而是一个能长到一米长的大型生物的一部分。奇虾看上去有点像虾蛄，有"大锤"一样的前臂，能以子弹般的速度拍打猎物。

有攻就有防，有防就有攻。食肉动物和它们的猎物之间处于永不停歇的军备竞赛中。食肉动物拥有强大的武器装备（锋利的爪牙），猎物则通过身上的刺、壳及盔甲进行自我防卫。这些盔甲不仅能保护猎物自身的安全，而且使身体立刻变得更强壮。随着时间的推移，这些盔甲外壳和动物柔软的身体融合为一体。多亏了食肉动物，使得猎物进化得越来越懂逃生。现在的兔子应该感激以前的狼，反之亦然……

历史上最成功的动物是什么？

　　坚硬的外壳并不是与生俱来的，尽管十分方便有用，但它们的形成却是偶然的。最早的蜗牛和贝类动物完全手无寸铁，不过日常的饮食为它们提供了很大的帮助。它们的食物中含有大量的石灰和矿物质，这些坚硬的部分无法完全排出，渐渐堆积在身体外侧。坚硬部分越积越多，保护作用就越大，它们也就越容易生存下来。

　　外壳唯一的缺点就是太重了：贝类动物必须爬行。不过，鹦鹉螺想到一个解决办法。这种长得像乌贼的动物，有一个瘦长形或螺旋形的卷曲外壳，壳里可以填充气体，这样它们就可以像气球一样漂浮在水中，如果它们想再沉到水里，只要吸进一些水就可以了。作为食肉动物这是十分方便的，鹦鹉螺可以随心所欲地去任何自己想去的地方。这也使得鹦鹉螺成为了海洋恶霸，有的鹦鹉螺甚至长成了几米长的庞然大物，海洋里几乎没有动物可以逃过它的魔掌。唯一能和鹦鹉螺抗衡的只有菊石，但它们和鹦鹉螺长得非常相似。

谁消灭了三叶虫？

　　坚硬的外壳无疑是一种强有力的防御手段，但若是能有一个可以带着走的盔甲，那就更方便了。有着这种盔甲（铠甲）的动物被称为节肢动物。灵活的盔甲使得节肢动物和鹦鹉螺、菊石一样强大。节肢动物形状各异、大小不同，有的十分小巧，有的巨大无比。海洋里的节肢动物种类繁多，随处可见，至今仍是如此。虾、螃蟹、蜘蛛、潮虫等都属于节肢动物。除此之外，地球上曾经还生活着另一种节肢动物，那就是三叶虫。三叶虫看上去有点像荷兰蜂蜜甘草糖或潮虫，只是有的超过一米长。

　　迄今已经发现了成千块三叶虫化石。能留下如此多的化石，一方面是因为它们曾大量出现在地球上，另一方面得利于它们的盔甲能留下一个很漂亮的印记。所以关于它们的生活，我们知道得很多。有的三叶虫拥有很好的视力；有的却只能在泥里爬行，因为什么也看不见；还有的三叶虫在泥里，却能很好地看到上面发生的事情，因为它们的眼睛长在眼柄上面；另外还有的三叶虫根本没有眼睛，它们生活在阳光都照射不到的海洋深处。三叶虫曾经是地球上发展最快的物种，却依旧逃离不了灭绝的命运。三叶虫灭绝的具体原因仍然是个谜。这种动物拥有适应生存的所有本领，它们看上去和现代发展最快的动物群——昆虫也十分相似。你可以称之为昆虫的祖先，不过是生活在水下而已。

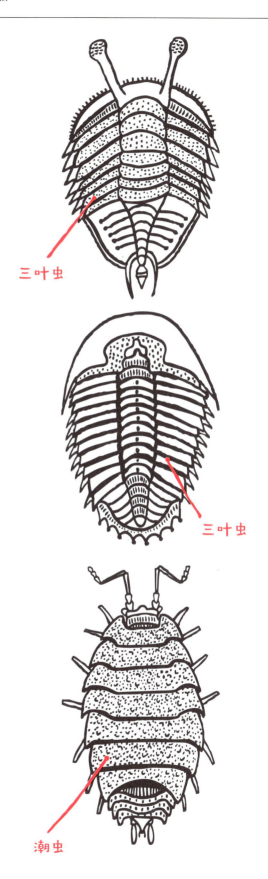

三叶虫

三叶虫

潮虫

我们是从哪种海洋动物演变而来的？

　　那时候的三叶虫和现在的昆虫有很多相似点。那么我们人类究竟和远古时代哪种动物有关呢？我们是从哪类动物进化而来的呢？会是凶猛可怕的鹦鹉螺吗？还是具有致命杀伤力的奇虾？该不会是傻呆无趣的金伯拉虫吧？不是，比金伯拉虫还糟糕：与我们最接近的亲戚居然是被囊动物。被囊动物就像是一袋袋摇晃的果冻。更糟的是：我们甚至有 80% 的基因和这些微不足道的小生物一致……

　　如果你见过成体的被囊动物，会觉得这似乎是不可能的。然而，被囊动物幼体和我们人类却有着共同之处：脊索。人类在胚胎期有脊索，后逐渐被脊椎代替。被囊动物幼体的脊索清晰可见，成体的脊索就看不见了。脊椎是人类身体的重要组成部分。所以，我们是从一种形状类似花朵的松软管子演变而来的。这还不是最糟糕的，接下来一些被囊动物进化成了盲鳗，而我们和盲鳗拥有更多共同点。

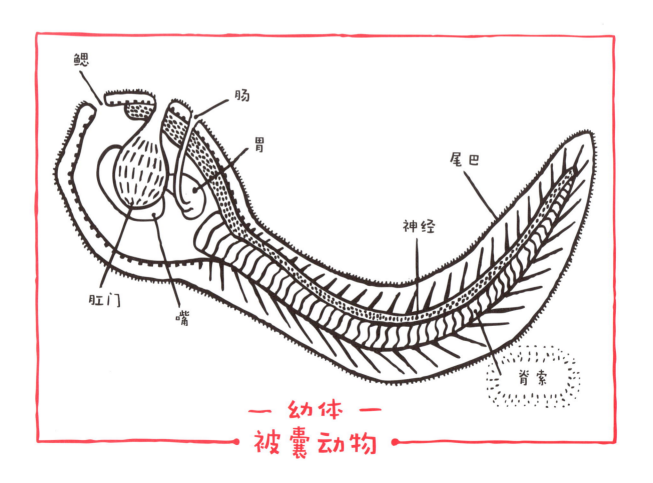

鳃　肠　胃　尾巴　神经　肛门　嘴　脊索

— 幼体 —
被囊动物

我们是从"黏球"演变而来的吗？

盲鳗，是迄今地球上最黏滑的生物。它们是细长的无颌鱼类，一旦遇到危险情况，身体就会分泌大量黏液。这些黏液遇到水后会膨胀，形成一层软泥一样的厚保护层。盲鳗的黏液能将一桶清水变成一桶浓浓的"布丁"，就算你把桶倒过来，"布丁"也不会掉出来。而我们人类就是从这样一种"黏球"演变而来。当然，也有好消息，第一条真正的鱼类——有下颌的鱼——是从盲鳗进化来的。这和我们人类更接近了，谢天谢地。

贝类、蜗牛、节肢动物都有外骨骼，而鱼类、鸟类、爬行动物和哺乳动物则有内骨骼。内骨骼比外骨骼方便很多。例如，这种新型的身体结构产生了海洋里最危险的食肉动物：巨齿鲨。这种鲨鱼在海洋里生活了数亿年，它们的存在让海洋里其他物种的生命岌岌可危。巨齿鲨大约于一万一千年前灭绝，对海洋生物来说这简直就是解放。这个庞然大物的体型绝不小于一辆公共汽车，嘴和教室里的黑板一样大。它可以一口气生吞下一整头牛。

我们和巨齿鲨也有不少共同点。它们是地球上最古老的鱼类之一，而我们人类又是从鱼类演变而来。如果你仔细观察，会发现我们有很多鱼的习性。

巨齿鲨牙齿的实际大小

— 第九部分 —

半人半鱼

你是怎么从鱼演变成四足动物的？

　　从海洋到陆地的转变，就像从非生物到生物的转变，是极大的跨越。一些海洋动物（和植物）也用了几十亿年的时间才从熟悉的安全水域转到陆地和空气中去。你可以想象植物是怎么完成这一过程的。有些植物至今还是一半在水中，一半露出水面。对于蜗牛和蠕虫来说这也不是问题。它们有的生活在水里，有的生活在陆地上，两类长得一模一样。如果你知道潮虫靠腮呼吸的话，不难想象它是从海洋动物演变而来的。其实它只是现代的三叶虫。

有肺的鱼有多么特别？

那么我们哺乳动物呢？你要怎么从鱼变成四足动物？那就是另外一个故事了。你只需去渔民那里看看就知道，鱼类一旦离开水就会有很大的麻烦。鱼类不能在空气中呼吸。它们有腮，却没有肺。因此鲱鱼和鲐鱼只能离开水面一小会儿。对于第一批接触到进化论的科学家们来说，从海洋演变到陆地的过程也是一个巨大的谜团。直到德国研究人员在南美洲发现了一种很奇特的鱼：长了肺的鱼！不久之后，在美洲和澳洲也都发现了这种"肺鱼"。随着这种极为特殊的物种被发现，这个谜团的一部分也就被解开了。要说极为特别……当地人将其视为菜单上的一道常见菜。

腮是怎么变成肺的呢？

但是鱼长出肺来作什么呢？腮又怎样突然就变成肺了呢？答案是：不存在这样的变化。肺鱼既有腮又有肺。它们可以在水下和水面上呼吸自如。可肺是怎么来的呢？来自一个很多鱼类用到的器官：鱼鳔。游得快的鱼，比如金枪鱼总是处于运动状态，当它们想向上或是向下时，只要向相应的方向游就可以了；有的鱼比较重，它们总是处于海洋底部；还有

一些鱼则会利用鱼鳔。鱼鳔是鱼体内一种类似于气球的器官，可以在鱼向上移动的时候充满氧气。氧气比水要轻。于是这个"气球"充得越满，向上的速度越快。如果要向下，只需把氧气放出即可。这样的鱼鳔方便极了。很多鱼类从这样有用的鱼鳔里进化出了肺。

鱼又是怎么长出足的？

肺的问题已经解决了。可长出来的足又是怎么回事？鱼鳍是怎么变成足的呢？这个问题的答案也可以从同样的鱼身上找到。肺鱼还有明显的鱼鳍。鱼身的一边有两个，另一边也有两个，就像前足和后足。还不只是这样，有的鱼会用鳍行走，通常是在水里，不过肺鱼甚至可以在陆地上爬行。

不管肺鱼离开水能走得多好，它也始终是鱼类。鱼类生活在水里。肺鱼也不例外，它们在水中十分自如。两栖动物则不是鱼类。它们需要生活在陆地上。两栖动物和鱼类是完全不同的物种。因而在鱼类和两栖动物之间一定存在过既可以行走又可以游泳的"过渡物种"。如果真是这样，我们应该能发现这类物种的化石。但是它们存在吗？

首先，请允许我表达自己诚挚的歉意

我再也不会不把故事说完……
我再也不会不把故事说完……
我再也不会不把故事说完……
我再也不会不把故事说完……
我再也不会不把故事说完……
我再也不会不把故事说完……
我再也不会不把故事说完……
我再也不会

　　我其实想写写关于鱼类和两栖动物之间的化石。但是我得先说点别的，并且表达自己诚挚的歉意。在关于地球古老历史的那一章里我写了关于地质学家以前怎么判别地层年龄的内容。我写到他们是通过化石来作判断的。其实并没有说完，而且还不仅如此。因为化石的年龄是通过它们所在的岩石年龄来判断的。这又是一个先有鸡还是先有蛋的问题。他们用地层来推断化石的年龄……没错，然后又通过化石的年龄来鉴定地层年龄。就像用手表来校准时钟，同时又得用那个时钟来校准手表一样。然而，鉴定出年龄也不是不可能的。

为什么我们在学校的黑板上用粉笔写板书？

推断年代就像拿着各式各样的碎片在拼图。挖掘得越深，地层就越古老。这样就可以根据地层的深度来大致判断其年代。此外，通过地层还可以知道很多关于过去的事情。比如说粉笔。在法国和英国的海岸你可以看到巨大的白垩纪峭壁。白垩纪岩层由小海洋动物的壳组成。这些壳沉入海底，上面被新的壳覆盖，一层又一层。其实在学校黑板上写数学计算的粉笔就是几亿年前的化石。但是这些大的白垩纪峭壁告诉我们，很久很久以前，这里曾经是大海。

当然，几十米高的白垩纪层不可能在一个周末就形成，而要经历几百万年的时间。如果你在几米深的岩层找到了一块化石，那么你就知道那块化石有几百万年的历史了。化石也是同样的道理。在某个时期地球上有很多三叶虫。因此你现在能找到很多三叶虫的化石。不过你只能在很古老的地层中找到，因为它们在很早很早以前就灭绝了。如果你在一个岩层里面同时发现了一个三叶虫和一条鲨鱼的化石，那么你就能肯定鲨鱼在三叶虫生活的时期就已经存在了。也许鲨鱼吃光了三叶虫，才导致三叶虫灭绝。

如果你挖得够深，肯定能找到化石吧？

把所有这些有关化石和岩石层的数据进行汇总，我们就可以制作出物种出现先后的时间线。在最古老、最深的地底层，还没有发现任何生命的迹象。稍微向上一些，你可以发现第

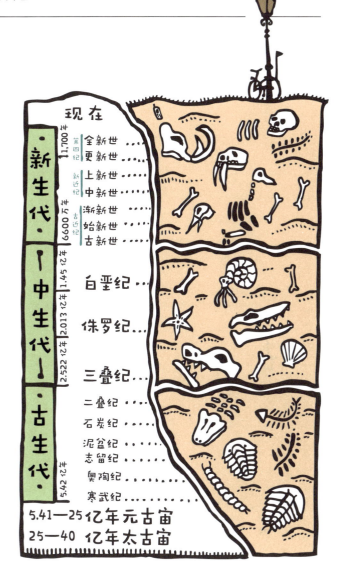

一代的水母和扁虫。再往上才是节肢动物，以此类推，直到我们现在的哺乳动物。也不要认为你可以在一个地层里面发现从下到上的整个进化过程。化石只会在非常特殊的情况下存在。因此它们都是非常特别的。几亿年连续不断的化石都在一个地层的可能性极为渺小。你只能通过把全世界不同的地层拿来进行比较才能解开这个谜团。

而且，地球在频繁地运动。运动？是的，地球并不是静止的。你不知不觉中已经慢慢在向一个方向移动……

为什么你能在美洲找到和非洲一样的石头？

　　关于岩石和化石的年龄还有一块拼图碎片：地球本身！如果你现在看看地球，就知道从非洲到美洲必须乘飞机或轮船，经过遥远的路途。可是两个洲之间的距离曾经是游泳就可以到达的。甚至有段时间可以从非洲跳到美洲去！这两个大陆曾经是连在一起的。仔细观察，就会发现南美洲的东面和非洲的西面正好可以完整地拼在一起，地层也一样。如果你在南美洲的巴西东部挖20 米、100 米或 200 米深，就会找到和非洲的喀麦隆西部同样深度一样的岩石，就好像切成两块的千层蛋糕。

北极圈内曾经长过棕榈树吗?

地球大陆漂移是因为地壳由各个分块（板块）组成。这些板块受到来自地球内部的地下能量影响而移动。正因如此，非洲和美洲每天都在一点点地远离彼此，而其运动的速度非常慢，和我们指甲生长的速度差不多。你可以想象这两个大陆已经移动了多久。当然也有板块相向移动的，这种情况下一个板块逐渐移到另一个板块的下面。还有的板块会互相碰撞。

因为地球有几十亿年的历史了，所以这些大洲以前是和今天不一样的。现在北极圈内的陆地曾经位于赤道附近，赤道附近的大陆曾经在北极圈里。我们可以推断出地球某个部分曾经在哪个位置上。这也给我们提供了一些新的信息。如果你在纬度较高的北部发现爬行动物和棕榈树的化石，你就知道那些化石已经在那里数亿年了。那时这个地方是靠近赤道的。当然你也不能完全肯定这点。比如格陵兰岛在北面已经很久很久了，但是地球曾经十分炎热，在靠近北极圈的地方甚至都长了棕榈树。

猛犸象从荷兰游到英国?

因此我们从地球气候变化里获取了很多信息——从冰河时期到地球变成一个大温室的时期。比如，你如果在两亿五千万年前的荷兰生活，会觉得那儿很暖和。那时荷兰的气候和现在的西班牙一样温暖。然而，如果你生活在十四万年前的荷兰，那么你肯定想立刻逃之夭夭。那时候的荷兰冷到不论是冬天还是夏天，都会结冰，而且冰不会融化。在荷兰北面覆盖着一层 300 米厚的冰。地球上曾经干旱得很

厉害，甚至今天的北海都不存在。你可以直接从荷兰走到英国去。这也解释了为什么在海里可以找到猛犸象。因此，如果你发现了生活在高温天气下的棕榈树和爬行动物，你就知道它们不是生活在地球寒冷的时期。

霸王龙的掌印有多古老?

几片拼图碎片不会给你提供很多信息，但是如果你把所有的碎片拼在一起就可以看到地球在某个时期某个位置的清晰图像了。科学家们可以把这些拼图碎片和信息结合起来。如果你不知道一块石头的年龄，但是在上面找到了霸王龙的掌印，那么你就知道这个岩石层有大约七千万年的历史了。此外，我们还有放射性元素的衰变时间，可以更好地告知我们岩石和化石的年龄。我们这个谜团的大部分已经解开了。

好了，现在你知道为什么我没法用一两句话把岩石年龄的信息给说清楚了吧。但是这些知识对于理解鱼类曾经能够进化成四足动物很重要，因为我在此向你进行了详细的描述。

在哪里能找到最美丽的化石？

你挖得越深，就回到越早的时期。最美丽、最古老的化石深藏在层层叠叠的泥土和岩石之间。但并不是说在表层就无法找到有几亿年历史的石头。每天都有风带着大量的沙子吹过，如同砂纸般打磨着岩石层。摩洛哥的沙漠就是这样。在那里，你可以找到最漂亮的化石。加拿大东海岸的岩石层也被海浪、风、冰和石头磨损，你可以直接在海里找到很多独特的化石。还有石块因为造山运动被带到了表层，因而你可以在山上看到海参和贝壳的印痕。甚至喜马拉雅山脉的最高峰也有！

如何找到介于两栖类和鱼类之间的化石？

如果你知道该在哪里寻找，那么找到的可能性就会大很多。优秀的古生物学家——就是研究化石的人——从来不会随便去挖掘。它们首先会全面地研究土地及环境。古生物学家尼尔·舒宾（Neil Shubin）用这些知识去寻找一种还未知的半两栖类、半鱼类的动物化石。那个空缺的化石至关重要。我们已经发现了很多和两栖类相似的鱼，比如潘氏鱼。这种鱼有着青蛙一样的头，乌龟一样的四肢，以及一条和鱼尾毫不相似的长尾巴。它们的鳍里面有和指头极为相似的骨头，但是它们依旧属于鱼类。较长一段时间后出现了棘螈。棘螈是一个游泳高手，主要生活在水里。它看上去像一种带足的鳗鱼，却是不折不扣的两栖动物。人们从未发现过两者之间的物种，这也使得舒宾无法找到两栖类是由鱼类进化而来的最终证据。只是……你怎么找到这样的证明？

要找到这样的化石，需要什么？

舒宾知道，要找到特定物种的化石需要三个要素。如果你也想寻找化石，那这三个要素会很有帮助。首先，要找到同一个时间段的岩石；其次，你需要找到含有化石的这类岩石；最后，你需要有很好的，不，是非常非常好的运气。

第一个要素很好计算。类似鱼类的两栖动物化石和类似两栖类的鱼类化石一般产生于三亿六千五百万年和三亿八千万年前之间。因而舒宾必须在这个时间段的岩石中找到他要的化石：大约三亿七千五百万年前。今天你可以在互联网上查询到在哪里可以找到这个时期的岩石。舒宾自己也是这么做的。

第二个要素也没有那么难办。比如说，被熔岩覆盖过的岩石就没有必要研究了，因为没有化石可以在熔岩层的高温下保存下来。但是其他岩石层，像石灰石层和砂岩层，则是合适的。在互联网上你也可以找到有这些岩石的地方。舒宾考察了三处有这个年龄层岩石的区域。第一个区域上面已经坐落了许多建筑。在停车场地下挖掘很麻烦，所以他就放弃了。第二个区域经常有古生物学家去考察，所以在那里发现其他人没发现的化石的可能性很小。所以他也不需要再去尝试。但是第三个区域面积非常大，位于北极圈内，没有人去过。那里才是他应该去的地方。

那么……有人找到过化石中的化石吗？

北极附近几乎整年结冰。舒宾只能在夏天去，那时气温大约在 10 摄氏度。在那几周时间内，他得在几百平方千米的区域里找到一种一米多长的动物。正因如此，第三个要素才至关重要：要是没有特别好的运气，你就永远不可能找到这样的化石。

舒宾是对的：在北极地区很容易找到化石。可惜，这些大都是深海鱼类的化石。一半生活在陆地、一半生活在海里的动物自然会生活在浅水区域。第一次探索后，舒宾带回来很多化石，但没有他要找的那种。之后那年也是如此。再之后那年也一样。但第四次探索中他突然发现了一种动物，头似鳄鱼，鳞似鱼，有着两栖动物的脖子、鱼的鳍和两栖动物的肋骨！舒宾找到他一直在寻找的东西了：既不属于鱼类，又不属于两栖类，但又兼具两者特征动物。他称其为提塔利克鱼——在北极地区生活的因纽特人语言中的意思是"巨大的咸水鱼"。舒宾就这样找到了两栖动物源自鱼类的确切证据。

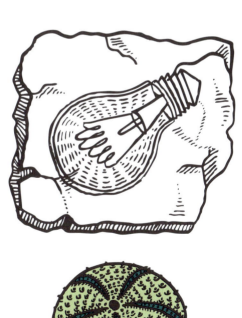

邋遢大王长得像鲨鱼吗？

现在，我们已经发现了不同的提塔利克鱼化石，有一条甚至长达三米。但是我们究竟和三亿八千三百万年前的"两栖鱼类"有多相像呢？也许比你想象得还要像。

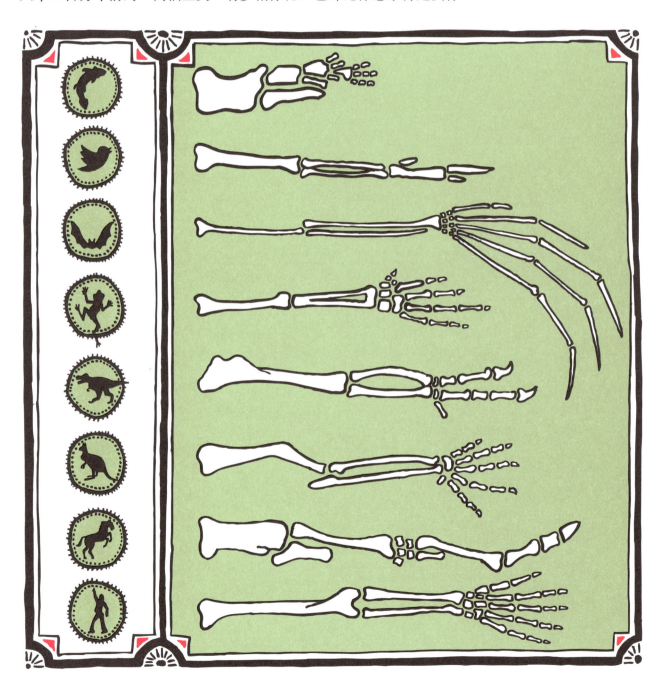

邋遢大王的手和提塔利克鱼一样吗？

最终进化成两栖类的鱼类有一个特征。两栖类、爬行类、鸟类和哺乳动物也都有这个特征。如果你把邋遢大王的手和提塔利克鱼的鳍比较，就会发现它们的结构完全一样。

邋遢大王（还有你）的手臂最上面有很大的肱骨。在手肘的地方连接两个骨头：尺骨和桡骨。然后是手腕上一系列的小骨头：腕骨。最后是掌骨和指骨。现在回到主题上来，所有提塔利克鱼及其同类的后代，手臂都是一样的结构——从禽类到蝙蝠，从霸王龙到乌龟，从青蛙到袋鼠。它们的前肢或翅膀都从一块骨头开始，接着是两块骨头，再接着是各种小骨头，最后是指骨。

为什么马的蹄子和人类的手相像？

大型陆地动物的结构都大致相同。当然，形状和大小是完全不同的，不然蝙蝠就得带着大象的前腿飞行了。蝙蝠的手臂和鸟类的已经很不一样了。鸟类有长度正常的指骨，翅膀的大部分是羽毛，没有骨头。而蝙蝠的翅膀其实是一只带着很长很细关节的大手。马掌骨再次长出一个大骨头，最中间的指骨很大，其他的指骨几乎看不见了。马蹄其实相当于你中指的指甲！青蛙呢，有些骨头长在一起而且变长了，所以和马完全不同。但是它们的结构却完全一样。甚至三亿六千万年前的棘螈也有和邋遢大王完全一样的手臂结构。

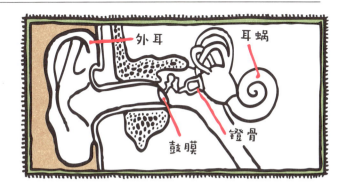

我们的耳朵是鲨鱼的鳃进化来的？

如果你倒着看进化，就会看到这样的结构逐渐消失。以前鱼类的骨头主要由软骨组成。鱼类还保留了一些在我们身上已经看不到的骨头，而我们又有鱼类没有的骨头。我们有保护心脏和肺部免受重击的肋骨，这是鱼类在水中不需要的。但是人类和鲨鱼之间有着众多的相似点。我们人类已经没有鳃了，但是头部的耳骨中仍然保留了鳃的残留痕迹。比如我们耳部一块帮助我们听声音的小骨头就来自鱼鳃。我们保留的是很小的一块（镫骨），而鲨鱼则仍拥有一块巨大的软骨。如果你把鲨鱼、现代鱼类、两栖类、爬行动物的那块骨头进行比较，就能清楚地看到进化过程。越是现代的动物，那块骨头就越小，直到进化成我们人类头部这个微不足道的小部分。

为什么我们长得和鲭鱼一点都不像？

　　并不是所有人都相信进化论。还是有很多人相信是上帝在六日内创造了地球，以及地球上的所有的生物。这些人最常用的论据之一就是像人类这么复杂的生物不可能是从一个单细胞生物进化而来的，即使是经历几十亿年也不可能。对此，科学的回应是："喔，难道不是吗？那您自己呢？您不也是从一个细胞生长起来的吗？您甚至花了九个月的时间从一个细胞长成一个人！"

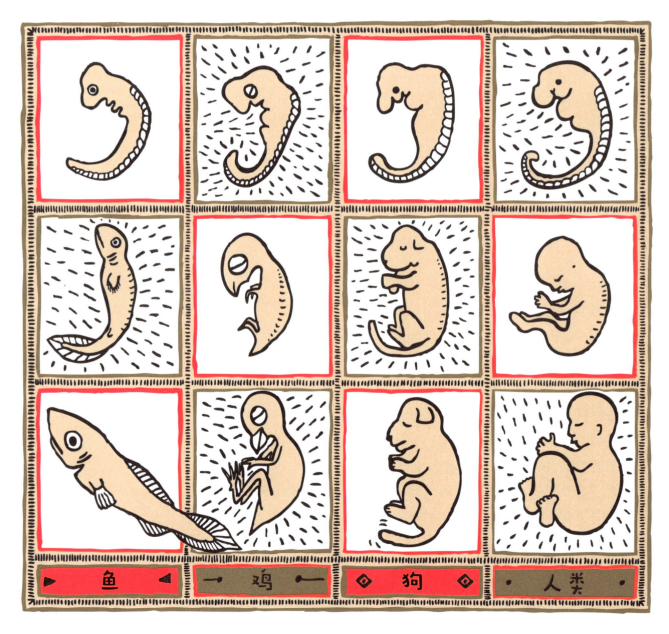

为什么婴儿看起来都很像？

科学家的回答自然没错。我们确实是复杂的机械生物。我们的身体就像一架高科技机器，每分钟要处理几百万个程序来保证我们活下去——我们却从来没有为身体的这些辛劳付出表示过感谢。而且不管我们的身体有多灵巧，它们都是从一个很小的单细胞长成的。可是如果你花时间思考一下，这个答案似乎还是站不住脚。我们之所以可以从一个细胞生长成一个人，全是因为DNA。而DNA分子的结构相当复杂，复杂到你可能会认为它是由上帝创造的。

实际上，科学比你第一眼看到的更有道理。正是你出生前的这段时期，我们可以更完美地看到进化。你越是往回看自己的过去，你就越像其他动物。最初，当你还是一个细胞时，甚至和动物没有什么区别。所有的受精卵看上去都一样：不管是鸟类的、大象的，还是鱼类的。当一个细胞变成两个，两个分裂成四个、八个、十六个、三十二个，然后更多时，你看到的都是一群一模一样的细胞。两周后，第一群不同的细胞开始产生。有的变成心脏，还有的变成大脑、肠子或肌肉。三周以后你的心脏开始跳动，但是看上去你还是和鸟类、鱼类以及两栖动物一样。似乎你正在变成一条鱼……

鼻子下面奇怪的痕迹怎么来的？

不管你信不信，你曾经和鲭鱼很像，大概在你出生前八个月时，你眼睛的位置仍在头的侧面，就像鲭鱼一样。后来你的眼睛才慢慢移到了前面。你还有一条长尾巴，只需要加上尾鳍就可以像鲭鱼一样游泳。同时在你的头部有一个清晰可见的腮裂。鱼类这个部位会逐渐完全打开，让水进入。人类的这个部位则是完全封闭的。有的孩子出生时鳃裂没有封闭上，他们就需要接受手术。这是我们的祖先是鱼类带来的弊端之一。

你可以在迅速上升的飞机上，或是电梯里感受到你曾经作为鱼的过去。这时如果你打哈欠，耳朵就像被打开一样。那是因为耳朵的位置有一个开口。这个开口其实是鱼类的鳃孔，用来让水进出，而人类则形成了咽鼓管。由于高度的差别，你头部的气压也相应改变。如果你打哈欠，咽鼓管就会打开，气压就变回正常了。

为什么卡通形象翠迪鸟的头那么大？

最终，我们当然变成了另外一种很不一样的生物。在此你看见了进化的作用。几周后你大致能看出鱼类和两栖类的区别。之后就是鸟类和人类之间的清楚区别。直到最后人类和其他哺乳动物才有所区别。最重要的区别是我们有发达的大脑，因此有一颗大头。只有鸟类按照比例也有一样的大头，但是原因却不一样：鸟类头大并不是因为大脑发达，而是因为眼睛占了头部的绝大部分。

细胞怎么知道自己要变成牙齿、鼻子或是脚趾？

　　我们不仅是从鱼类进化而来的，我们最初存在的几天也像鱼一样。直到后来细胞发育时才出现变化。那是怎么发生的呢？细胞怎么知道它是变成手、足，还是鳍呢？是脑细胞，还是心肌？这都是 DNA 决定的。DNA 中隐藏着我们生存的所有秘密。在两米长的 DNA 分子里储存着所有的信息，让邋遢大王成为邋遢大王，让秋海棠成为秋海棠。

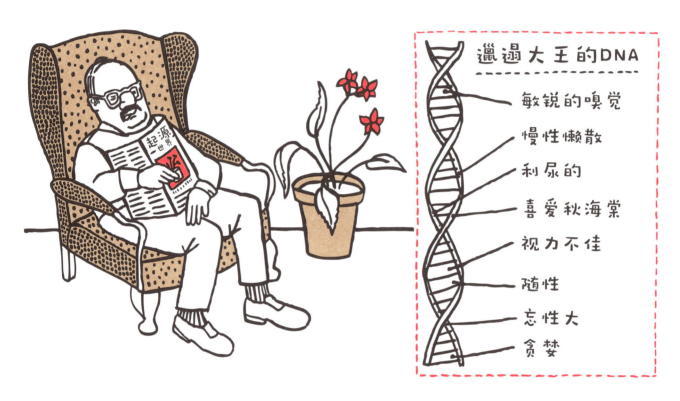

把 DNA 比作什么最恰当呢？

　　很难把 DNA 和其他东西作比较。DNA 就像是指挥邋遢大王细胞或者是秋海棠细胞的将军。但是几章之前，我曾把 DNA 比作建筑蓝图，里面详细说明了你该怎么搭建好邋遢大王，或者秋海棠。也可以说 DNA 是烹饪书里关于做出邋遢大王或秋海棠的说明。你也可以把 DNA 看作一台将原料制作成骨头、肌肉和四肢，或是叶子、根和花的机器。也可以将 DNA 看作电脑程序："制作细胞。二十次复制后形成其他细胞，等等。"事实上没有一个比喻是合适的，但是都有类似的地方。

　　DNA 记载了细胞需要遵循的规则，以及一个细胞需要执行的所有任务。DNA 包含生物的完整建筑蓝图，或是说是烹饪步骤。DNA 知道所有制造必要细胞的方法，或是改变、消灭和清理这些细胞的方法。

你身体里面的细胞会互相交流吗？

构成 DNA 最重要的部分是基因，是 DNA 分子上带有信息的片段。这些基因决定了你的眼睛是棕色还是蓝色，会长出皮肤还是羽毛，是像草履虫一样由单细胞组成，还是像人类一样由一百万亿个细胞组成。基因上面有一种开关一样的东西，决定着是不是执行"从氨基酸里面制造蛋白质"或是"分解该蛋白质"之类的任务。根据大量指令，基因可以造出某个特定地方需要的细胞。DNA 清楚地知道在哪里需要把基因开关关闭，或是打开。因为细胞可以通过蛋白质分子进行"交流"。

简单地说，细胞相互传输蛋白质分子以交换信息。它们知道对方是谁，要做些什么，或者需要变成什么。正是由于周边这些细胞的信息，DNA 可以决定哪些细胞变成皮肤细胞，哪些自我分裂成两个其他细胞，哪些保持原状。通过这样的方式，细胞可以生长成秋海棠或是邋遢大王。不仅如此，如果你的手指割伤了，它们也会让它复原。发现有伤口，细胞就释放出凝固血液的物质，并最终长出新的皮肤细胞，使你的伤口复原。

怎么培育出多个翅膀的苍蝇？

科学家对我们的基因和 DNA 上的信息极为感兴趣。他们还不是很清楚每个基因对应的用途是什么，以及 DNA 的其余部分有什么作用。但是通过研究，他们已经发现了很多东西，尤其是通过研究胚胎——动物在出生以前的名称。比如，他们把果蝇翅膀的基因放入其胚胎

体的其他位置。结果呢？那个位置又生出了翅膀。他们还把刚出生的蝾螈卵剪成两半，结果呢？出生了两只非常健康、完全正常的蝾螈。

科学家用基因和胚胎做实验并不是想戏弄动物，而是有重要的实际作用。正是归功于科学家从中获得的知识，人们才有办法从这些细胞中培育出人类身体的器官。比如，很多人的膀胱和肾脏就是通过这种方式培育的。

病毒让我们知道了怎样的过去？

  DNA 不仅可以帮助医生给病人培育新的膀胱或肾脏，我们也可以通过它来认识进化的过程。并不是说我们可以在古老的化石中找到 DNA，因为经过这么长的时间这些 DNA 早已不复存在。DNA 在非常有利的条件下可以保存几千年，但是这种情况极为罕见。你可以利用还活着的动物的 DNA，这很简单。你的 DNA 与你父母的最相似，与你祖父母的也很接近，但是少了一些。往前回溯的时间越久，差别就越大。换句话说：我们的祖先和其他动物越相像，我们的 DNA 就和那种动物的就越相似。

  黑猩猩和倭黑猩猩的 DNA 就和人类的非常接近，几乎有 99% 相同。由此可以看出我们和它们在进化过程中是非常接近的。我们和猫的 DNA 有 90% 一样，和果蝇的有 60% 相同。你自己可以继续联想：我们很大一部分 DNA 和水母、树木、蘑菇和细菌的一样。

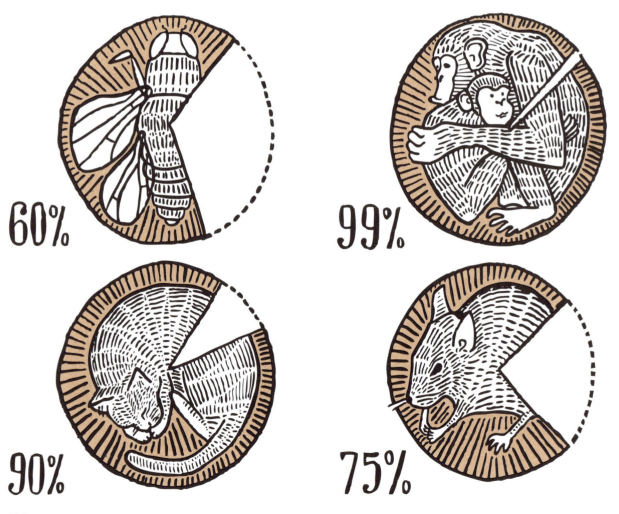

60% 99%

90% 75%

三米开外的一个喷嚏对我们有什么影响？

还有一种方法可以看出我们和其他动物有多大的差别，当然没有 DNA 那么方便，这种方法是利用逆转录病毒。原理是这样：你肯定得过感冒。感冒是由病毒引起的。病毒很小，由几段可怜的假 DNA 组成。你接触了带有病毒的人之后，这些病毒就会进入你的身体。病人在三米内朝你的方向打喷嚏——人的喷嚏一般只能打到这么远。你的呼吸把病毒分子带入体内：病毒在你的 DNA 上落户。如果是危险的病毒，那么你就会得重病，甚至死亡。

逆转录病毒和病毒类似，它们之间最大的区别是前者不是通过 DNA 起作用，而是通过 RNA（核糖核酸）。这样的逆转录病毒进入你细胞里的 DNA，相当于夺取其控制权。它改变 DNA，并从一个细胞跳到另外一个细胞。这当然有致命危险。逆转录病毒也是所有生物的大敌。比如，艾滋病毒就是一种让很多人致命的逆转录病毒。幸运的是，你不会从喷嚏里染上艾滋病毒。

猴子和我们一样会感冒吗？

逆转录病毒已经存在了好几百万年了。它们造成了可怕的伤亡。但是并非每个生物都会因此死亡。有的动物最终找到了战胜它们的办法。它们可以携带着逆转录病毒生存下来，它们的后代也是一样。逆转录病毒不能再造成伤害，但是永远改变了这些动物和它们后代的 DNA。

我们可以在我们的 DNA 里寻找逆转录病毒，看看哪些动物有一样的。得出的结论是？没错：黑猩猩身上经常也有逆转录病毒。我们与黑猩猩有不少同样的祖先，他们都从流感中幸存了下来。我们和大猩猩相同的逆转录病毒就少了些。和狒狒，也就是非类人猿，一样的逆转录病毒就更少了。

为什么牛更像鲸而不是马？

　　在进化过程中，离我们年代越远的动物，和我们一样的逆转录病毒就越少，且与我们 DNA 的区别也越大。你也可以比较其他动物的 DNA，来看看它们之间有多疏远，这样就会得到极为有意思的信息。举个例子，狗是从狼进化来的，我们都知道这一点。可是日本的柴犬和狐狸长得几乎一样。那么为什么这种狗源自狼，而不是狐狸呢？那样听上去才更有道理呀！但它们的 DNA 研究证明，这类狗的祖先是狼。而且不只是这类狗，所有的狗都是如此。

　　再举个例子。你觉得牛和哪种动物更接近：马，还是鲸？你选马？错了。鲸和牛是远亲，牛和马则是远亲的远亲的远亲。鲸、牛、羊和河马有一个共同的祖先。这个证据首先是对比它们的 DNA 而来的。后来我们才发现了它们的祖先：印多霍斯。鲸最古老的祖先是生活在水中的鱼类，后来的祖先在陆地上生活过（在那里它们有足），再之后鲸重新进入了水中生活。这样，你就能看到进化过程是多么的奇妙。

蝴蝶怎么长得像鸟一样？

你可以在非洲和南美洲发现两种长得一模一样的青蛙。它们有一样的外形，一样鲜艳的体色，甚至是一样的体表图案。如果你不是很清楚，会以为它们来自同一个家族。事实上它们的祖先长得完全不一样。这些动物在进化过程中才获得了鲜艳的体色。一种蛙生活在非洲，另一种蛙生活在南美洲，似乎是非常巧合的事，而这只是一个方面。颜色有一定的好处：它能警告其他动物自己的毒性。你可以通过鲜艳的颜色来认出最毒的青蛙和昆虫。

进化论并不一定代表动物之间会越来越不同。有时候动物会进化出最便利的体型和最合适的颜色。因此有些动物就长得相像。蝴蝶就是这种情况。有的物种并不属于同一个家族，但是几乎无法分辨出来。甚至有一种蛾和鸟长得一模一样：蜂鸟鹰蛾。在珊瑚礁里面，有一种清洁鱼为像鲨鱼这样的大鱼作清洗：它像美容师一样，去除大鱼皮肤上所有的寄生虫；又像一位牙医，把鲨鱼牙齿之间的小块残肉吃干净。所有的清洁鱼长得都很相像，清洁虾也长得完全一样，做一样的事情，当然它就不属于鱼类。潮虫和千足虫之间区别很大。但是它们是一家的吗？是的。

螳螂能拉小提琴吗？

有时候动物之间长得很像，是因为那样的体型非常适合生存。不过，有时候一种动物和另外一种动物相似是用来迷惑其他动物的。在色彩鲜艳的有毒青蛙附近，也会生活着另一种有同样颜色图案的青蛙。它们假装是同一种危险有毒的青蛙，事实上却完全无毒。在清洁鱼的周边也生活着假清洁鱼，长相和真的清洁鱼一模一样。大鱼允许它们接近自己。但是当大鱼们准备被清洁一番时，这些假清洁鱼却会突然狠咬它们一口，然后逃走。

伪装成别的动物是很有用的，特别是当不想被吃掉时。你也许见过长得像叶子的娥。这真的太聪明了，因为吃娥的动物不喜欢吃叶子。只要敌人认定它们是叶子，它们就没有危险。螳螂是模仿其他动物和物体的冠军。有的螳螂和树叶很像，有的则无法和树枝区分出来，有的和一块块树皮极像。还有的螳螂将家中的兰花模仿得惟妙惟肖。还有的伪装成木头、蚂蚁、蛇或者草，甚至还有看上去像小提琴，不过这纯属巧合。

我们的"鱼性"怎样了？

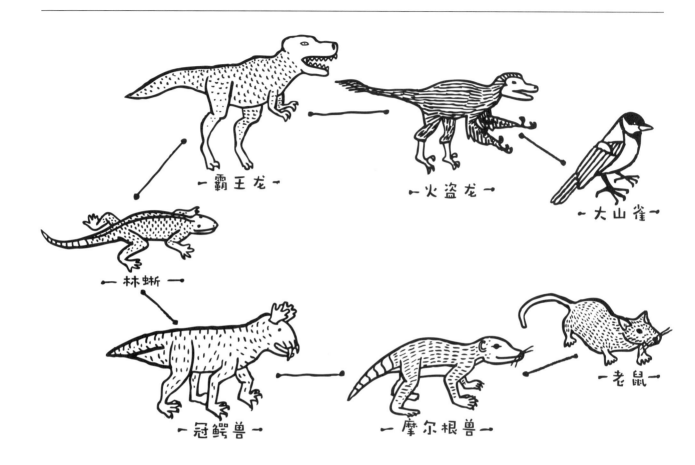

进化是一个复杂的话题。每一个和进化相关的规律都有例外，甚至这句话都有例外。难怪很多人谈到进化论时都会产生误解。最常见的就是我们是黑猩猩的后代。另一个误解就是：如果我们是从猴子进化而来的，为什么还有猴子存在呢？还有一个人们经常犯的错误就是：如果我们和其他哺乳动物一样都是从同样的动物进化而来的，那么为什么从来没有发现过"兔子人"，或是"熊人"的化石呢？

我们不是从黑猩猩进化而来的，但是我们和黑猩猩有同样的祖先。这是完全不同的两个概念。我们的祖先和人类不是很相似，当然和黑猩猩也不一样，而是另外一种动物。它们有的后代演变成了黑猩猩，另外的后代则进化成了人类。可见我们共同祖先的后代出现了不同的分支。其他哺乳动物的祖先也是一样。家谱树就是这样来的。我们和黑猩猩在同一个分支上。如果往回几个枝干，会发现我们和兔子、熊在一个分支上了。但是没有一个直接的枝干连着兔子和熊，或是人类。因此是没有"兔子人"或是"熊人"的化石存在的。

山雀是霸王龙的亲戚吗？

如果一直追溯到提塔利克鱼，我们很快就会看到分支是从哪里开始的。提塔利克鱼后出现了两栖动物，几百万年后两栖动物开始分支。一支仍然是两栖动物，比如火蜥蜴、鳄鱼及青蛙。另一支则发展成为爬行动物。现今发现最古老的爬行动物是林蜥：一种蜥蜴状的动物。

林蜥出现之后不久又开始分支。其中一支继续是爬行动物，这一支在几百万年的时间里是非常成功的。这期间绝大多数的大型陆地动物都是爬行动物。此时这也正是恐龙的时代——它们都是爬行动物！在那个时期，生活着可怕的火盗龙、巨大的梁龙和令人闻风丧胆的霸王龙，以及我们今天仍认识的蜥蜴、壁虎和蛇。它们的毛发慢慢转变成羽毛，从这些动物里面演化出了鸟类。你家院子里面的山雀其实还是霸王龙的远亲。是呀，很远的远房亲戚而已……

哺乳动物不是不产卵的吗？

林蜥属之后产生的另一分支是类似哺乳动物的爬行动物。慢慢地，有的爬行动物开始拥有哺乳动物的特征。比如冠鳄兽有了角，皮肤也不再有爬行动物的鳞片。一段时间后三尖叉齿兽科出现在丛林里，这种动物没有鳞，用哺乳动物一样的牙齿咀嚼，可能已是温血动物。爬行动物是冷血的，它们需要太阳的温暖才能活动。哺乳动物可以在自己体内产生热量，并常常有皮毛保暖。科学家们一直认为恐龙是冷血动物，毕竟它们是爬行动物。不过近年来发现了带有皮毛的恐龙。曾经温血恐龙可能存在过。

在进化接下来的阶段，丛林里面出现了摩尔根兽。这种动物看上去很像老鼠，长有胡须和短毛，很有可能是温血动物。但是它像爬行动物一样孵卵。哺乳动物不孵卵，而是怀着基本成形的婴儿，至少大部分是这样。当然还是有例外的。比如针鼹与鸭嘴兽在繁衍方式上就是例外。所有类似哺乳动物的爬行动物都已经灭绝了，但是针鼹与鸭嘴兽至今还生活在地球上。它们也不再是类似哺乳动物的爬行动物，而是类似爬行动物的哺乳动物。

恐龙是怎么灭绝的呢？

在进化过程中，有些步骤看起来几乎是不可能的，比如从非生物到生物，或是从海洋动物到陆地动物。但是每次似乎都有一个中间形式，让不可能变成可能。从卵生动物到胎生动物的过渡似乎是一个不可逾越的鸿沟。从卵到子宫的过渡是育儿袋。袋鼠的前辈就是哺乳动物成功跳过卵生这个问题的答案。

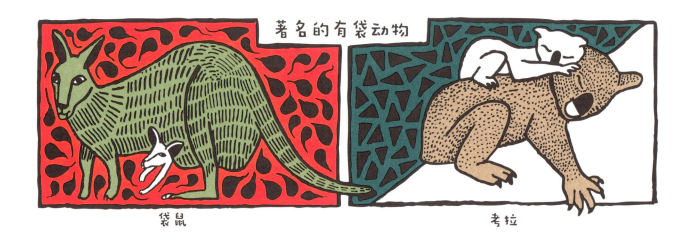

著名的有袋动物

袋鼠　　　　　　　考拉

为什么人不是从蛋里面孵出来的呢？

育儿袋取代了蛋壳的保护作用。有袋动物在和小虫子差不多大的时候就早早出生了，然后在袋里面继续发育。当它们"长好"时，就可以离开妈妈的袋子。在这之前它们都得好好地待在温暖而又安全的袋子里面。妈妈不需要再孵化。这当然比鸟类和爬行动物的孵化方式更轻松、更方便。比如在地球上最冷的地方，公企鹅在每年最寒冷的几个月必须不停地站在企鹅蛋上面。幸好哺乳动物不需要这样。

相对于爬行动物，哺乳动物还有各种各样的优势。它们不需要孵卵，因此更加安全。因为它们可以随时离开，而不用担心蛋会冷却下来。它们不需要依赖温度条件，因此可以在夜间觅食，或是居住在较冷的区域。它们还可以发育出更大的大脑。大脑发育需要很多的能量，因此需要很多食物。我们所知最大的蛋——鸵鸟蛋里面也只含有2000卡路里的热量。这也是鸵鸟幼鸟生长时获得的最大能量。但是一个女人一周内就可以给她的宝宝这么多的卡路里。刚出生的鸵鸟大脑只有核桃般大小，而人类婴儿的大脑比起其他动物来算是超级大了。

陨石有多致命？

然而，如果不是因为地球遭受了一场巨大的灾难，这些高等的人类婴儿就不可能出现了。爬行动物在那时仍然处于至高无上的地位。大型的哺乳动物很难生存，只有在夜间，这些像老鼠一样的动物才能安全出动。白天沧龙统治着水域，那是一种可怕的蜥蜴类物种。空中的主导者是翼龙，也不是什么善类。陆地上的主宰者是体型巨大的各种恐龙。但这一切随着一个可怕的灾难改变了。我们并不完全知道究竟发生了什么，但是有一个确切的推断。不管怎样，在大约六千五百万年前，所有体重大于5公斤的陆地动物都因为一场灾难而灭绝。

大部分的科学家认为，这是一场巨大的陨石撞击带来的灾难。在墨西哥湾发现了剧烈碰撞的痕迹。仅仅一颗陨星就能够让这么多动物丧生听起来有点不可思议，但那不是简单的撞击。单单是陨星产生的冲击波和地震就使方圆数百千米半径内的所有生物被毁灭。在这之后，整个地球接二连三地发生了几场致命的海啸。撞击产生的热量引发了巨大的森林火灾，整个星球上空弥漫着烟尘。因此阳光无法再到达地球，以至于地球变冷。

另外一种解释是，恐龙时代末期有大量火山爆发。比如，在当时的印度，巨大的火山爆发将数之不尽的火山灰抛入空气中。有的人认为，光是这些火山爆发就足以让恐龙灭绝。

从老鼠到人类？

不管发生了什么，大约六千五百万年前恐龙的时代在巨大的打击下结束了。此后地球环境再次恢复，慢慢地生命开始复苏。但是爬行动物的时代也到了尽头。只有小型的爬行动物在灾难中幸存了下来。于是，哺乳动物的时代开始了。一开始是小型的啮齿动物。很快陆地上就进化出老虎、狮子、鲸、鹿和猴子等脑容量大的动物。幸运的是，爬行动物的大脑不足以学会阅读。

— 第十部分 —

进化论被证实了吗?

进化论到底有没有道理？

  大约有 60% 的荷兰人相信进化论是正确的。在斯堪的纳维亚半岛，相信的人更多，达到 80%。但是在英国，只有一半的人相信进化论。在美国，半数以上的人认为是上帝在六日里创造了世界。那么，进化论到底对不对呢？

  这么多人不相信进化论并不奇怪。西方国家很多学校的课堂里老师都会讲述《圣经》里的故事，在荷兰也是这样。知道进化故事的人，会更容易相信进化论。而且你知道的越多，这种可能性就越大。

每个科学家都相信进化论吗?

几乎没有科学家相信地球最多只有一万年的历史。如果你认为地球和宇宙都还这么年轻的话,那么你会质疑所有的物理学家、化学家、生物学家、天文学家、地质学家,甚至是数学家。所有的科学家都信进化论吗? 不是的。有几位科学家例外,他们尝试用理论证明创世记用了六日的时间。但是他们的同事们并不把他们的理论当回事儿,因为证明地球有几十亿年历史的证据非常多。

相信上帝创造地球的人被称为神创论者。在两种情况下你是神创论者。你或是相信上帝创造了地球,但是他可能用了几十亿年的时间,用进化的方式创造了今天的世界。这样的话,你既相信上帝,又相信进化论。有很多这样的人,包括许多科学家。但是接下来在这本书里涉及的神创论者,特指否认进化过程的人,即严格的信徒。他们相信《圣经》里面记录的所有的一切都确实发生过。

《圣经》里面并没有记录进化论、化石,或是新的物种产生。因此神创论者认为进化论是不对的。他们有一系列的论据来证明《圣经》才是正确的。他们提出的聪明的论点会让你再次陷入怀疑当中……

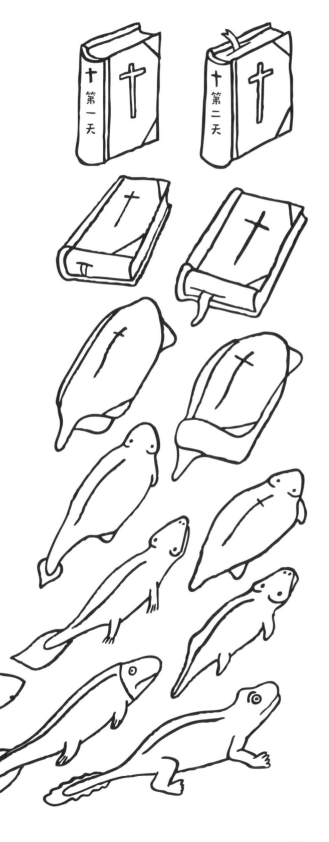

"进化论只是一个理论，还没有被证实过。"

　　理论是一种科学上的解释。你被某个问题困住，仔细思考想找到答案，并将这个答案称为理论。达尔文想知道陆地上的生命是如何起源的，通过逻辑推理他认为一定是从鱼类进化到爬行类，中间经过两栖类的过渡。这确实是他的理论。

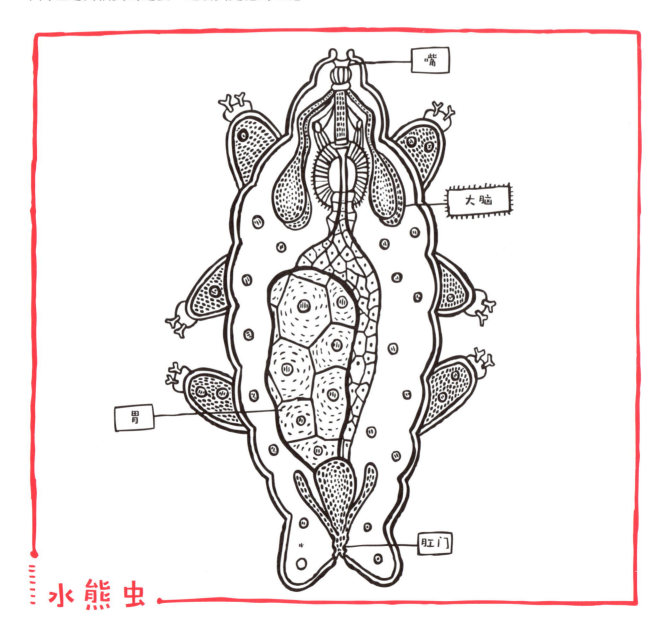

嘴

大脑

胃

肛门

水熊虫

哪种动物可以在地球上生存最久？

与理论相对的是实践。实践是通过研究现实中存在的现象来寻求科学解释。比如：有没有多细胞生物既能在200摄氏度的环境生存，又能在零下200摄氏度的环境生存？就算你不是教授，也知道怎样研究这个问题。找到动物，把它们放入烤箱，扔进冷冻室，看看它们是否还活着。你都不需用鸭子、青蛙和邋遢大王来尝试，因为它们肯定活不了。但是水熊虫就不一样了。

熊　　　　水熊虫

水熊虫是大约半毫米大小的小动物。它们存在于地球各个角落：在烧开的水中，也在零下60摄氏度的喜马拉雅山山顶。它是用来测试的理想动物。将这个动物置入200摄氏度的环境中，然后再将环境温度冷却到零下200摄氏度，再看看它是否还活着。结果呢？小动物从折磨中苏醒，打个哈欠，继续生活，仿佛什么都没有发生。啊，打哈欠是我瞎编的。但是其他的部分都是真的。如果地球有一天变成温度差达到400摄氏度的荒凉星球，这种小动物可能依旧可以生存下来。

为什么有人觉得提塔利克鱼不是进化的证据？

进化论在实践中是怎样的呢？事实上人们找到了相当多的化石可以证明有些物种是由进化产生的。看看三尖叉齿兽科的动物和摩尔根兽，它们介于哺乳动物和爬行动物之间。再想想介于两栖类和鱼类之间的提塔利克鱼。

但是对于真正的神创论者来说，化石并不是证据。即使发现了提塔利克鱼，但是从提塔利克鱼到棘螈的过渡物种则一直没有找到。即使找到了"提塔利螈"，他们也必定不满意，而非要找"提塔利螈"和棘螈之间的过渡动物。此外，神创论者认为化石之间区别太大。它们之间大小各异，而且一些指骨时常数量不一。神创论者认为它们互相之间没有关联。

狼人和驼鸟人存在吗？

有趣的是，人类也有不同的脚趾数量，或是不同的身形。在非洲，有一个民族的很多族员脚上只有两个脚趾。这源自他们基因小小的变异。他们甚至觉得自己的"驼鸟脚"很方便，爬树时能派上用场。在厄瓜多尔，有的人则有另外一种基因变异：个头很小。他们身体的大部分和其他人一样，但身高只有其他人的一半。他们对自己的身体也很满意，因为他们不会得困扰其他人的两种疾病：癌症和糖尿病。

在墨西哥，生活着像狼人的人类。他们全身是毛，甚至脸上也都是毛。这也是出自他们的基因。地球上还有其他人有这样的问题。大自然也会犯小错误。有时这样的小错误却是有用的，这样人类之间才会有区别。

你是成吉思汗的后裔吗？

如果成吉思汗只有两个脚趾，我们可能就不会觉得只有两个脚趾的"龙虾族"奇怪了。成吉思汗是八百年前建立起蒙古汗国的重要领袖。他霸气勇猛，和许多妻妾生育了孩子。他的儿子们也是如此，孙子们也肯定没有消停过。利用 DNA 技术，科学家们可以证明 8% 的亚洲男人（全球男人的 0.5%）都是他的后裔。

但是成吉思汗并不是"龙虾族"。"龙虾族"不是好战的民族，他们不会到处扩张，后代遍地。我们的外貌有一部分是偶然造成的。脚趾的数量及身形大小都可以发生变异，甚至是在同一个物种内。而且通常没有一个过渡形式。因为"龙虾族"和我们之间并没有三趾或是四趾的分支。但是化石和中间形式并不是证明进化论的唯一证据。因为还有一种在实践中证实的方法。

你可以亲眼看到进化过程吗？

你每天都可以亲眼看到进化的过程。当伦敦还是一座肮脏且满是油烟的城市时，飞蛾的颜色要暗很多。大自然的生命在持续变化中，每次有新的物种出现，或是有物种消失时，就可以看到变化。或是与渔夫一起出海捕鱼，你也会发现这些变化。因为他们可以告诉你他们捕获的鳕鱼越来越小。

鱼越变越小是因为政府规定不能捕捉小鱼。根据规定必须捕捉至少 35 厘米的鳕鱼。不然的话就要把小鱼放回大海。于是现在的鱼变小了，这是可以观察到的。在过去的几年里面鳕鱼变小了很多。它们较早成熟，并开始繁殖后代。有数以百计这样的进化例子就在我们的眼前。

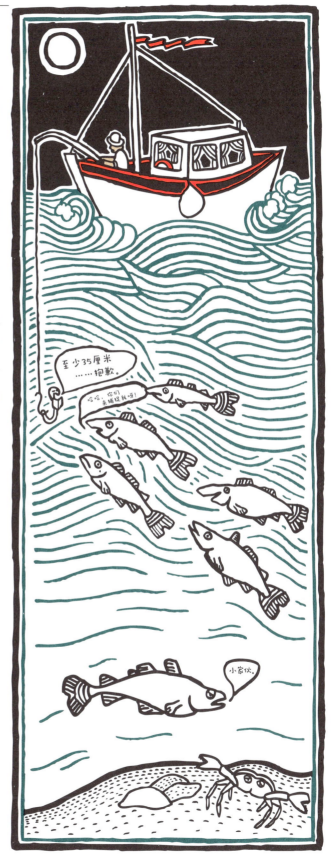

一种蜥蜴可以在三十六年里进化出新的品种吗？

你也可以自己测试进化。生物学家安东尼·赫里尔（Anthony Herrel）就是这么做的。他把五对蜥蜴放到一个没有同种蜥蜴的岛上。三十六年后他才返回那个岛，找到原来那五对蜥蜴的后代，然后研究它们的DNA。他将这些蜥蜴和它们祖先的DNA进行比较，并发现岛上的蜥蜴在这么多年后已经有了变化。比如，它们的头部要大很多，并拥有巨大的咬合力。和它们的同类比，它们主要食用植物，而不是昆虫。显然，在岛上植物类的食物更容易获得。继续在大陆上生活的这类物种在这段时间里当然没有变化。它们没有任何变化的理由。

为了一个实验足足等待三十六年有点漫长。我们可以让实验速度再快一点。但是你得用繁殖更快的物种，比如细菌。它们可以在数小时，甚至是数分钟内繁殖。所以生物学家很乐意拿这些生物进行尝试。大肠杆菌是一个尤为受欢迎的试验品，也是地球上最普通的细菌之一。地球上有十的二十次方那么多的大肠杆菌。比如，你自己的大肠里面也有大量的大肠杆菌。不管怎样，这是一种非常适合用于做实验的细菌。

究竟是什么无聊的实验持续了二十年的时间？

实验是这样的：研究者们把细菌放进碗里，加入葡萄糖和柠檬酸。葡萄糖是一种糖，柠檬酸不可食用。然后他们开始观察。如果你自己做这个实验，会发现一开始会出现大量细菌，然而过了一段时间，细菌数量停止增长。这很符合逻辑。葡萄酸最终会被用尽，细菌没有食物了，于是便无法产生新的个体。

研究者们当然也看到了这一点。不过，他们第二天依旧从碗里取出一些细菌，然后重复这个实验。接下来一天还是一样。周复一周，年复一年。此间他们定期比较细菌和细菌的数量。

这个实验这么做值得吗?

这听上去像是一个特别无聊的实验。无聊的细菌和枯燥的食物放在无趣的碗里,就这样持续了二十年。但是研究者们可以观察到现在的细菌和它们的父母、它们的祖父母、它们的曾祖父母、它们的曾曾祖父母、它们的曾曾曾祖父母等之间的差别(如果你要把这一行念完的话,最后一个将带有四万五千个"曾")。用细菌做实验只需要用二十年。如果和人类相比,我们可以推测出我们一百万年前的祖先了。

但这个实验还是很有价值的。因为确实出现了变化。慢慢地,每天碗里都长出了一定数量的细菌。这些细菌越来越善于适应环境,在有葡萄糖的碗里进行繁殖。这和研究者预期的一致。但是在三万三千代子孙之后,出现了一件不寻常的事情。这件事足以让这么多年的枯燥一下子变得有意义。从那一刻起,细菌开始迅速增长!它们的"殖民"速度增长了六倍。不是慢慢地增长,而是几乎在一天之内。

细菌对于进化论的启示?

到底是怎么回事?细菌的"殖民地"怎么能在这么短的时间内,如此壮观地发展?有的细菌突然可以将原本不可食用的柠檬酸作为食物来源。碗里的食物突然就变多了。于是细菌在短期内成为另外一个物种,在碗里更好生存的物种。就像你突然饿了的时候,可以拿石头和沙子当作食物。这已经不是进化,而是革命了。这个实验在我们对进化论的看法上起到了突破性的作用。进化可以很稳定地进行,也可以突然迅速发生。

让我们回到进化论。达尔文通过逻辑推理思考各种不同的物种是如何产生的。这是一种理论。事实证明进化就在我们的眼前发生。这就是实践。达尔文的理论尽管已经从各方面被证实,但还是被称为理论。因此,理论不一定是"未经证明的想法",也可以是一个既定的事实。

大自然全是完美的么？

　　"大自然如此完美，一定是由上帝创造的。"本书开头就写过类似的话了。听听五月的鸟鸣，看看白雪皑皑的山峰上的落日、色彩斑斓的珊瑚以及一些动物巧妙的构造。这么奇妙的一切怎么会是进化而来？其实还有另外一面，丑陋黑暗的一面。比如牛羊肝吸虫……

谁让羊痛苦地慢慢死去？

有时候，你可以在牧场的草叶的尖端发现一些蚂蚁。它们在干什么呢？欣赏美景？不，这些蚂蚁并没有在找什么，那儿没有什么食物，而且非常危险，它们随时可能被羊吃掉。而那正是它们的目的……当然不是这些蚂蚁的，而是一种很小的虫子——肝吸虫的目的。它们小到可以在蚂蚁的脑子里寄居，控制蚂蚁的脑袋，改变了可怜的蚂蚁的行为，让它们突然吃起草来。

肝吸虫这么做有它的目的。它们必须进入羊的肠子，好在那里繁殖。它们将蚂蚁变成僵尸，就是为了从地面进入到羊的肠子里。僵尸蚂蚁被羊吃掉后，肝吸虫就通过羊的胃进入肝脏，然后通过血液继续旅行。几周后它们进入羊的肠子，在那里产卵。孵出的幼虫有吃不完的羊粪便，那可是它们最喜欢的食物了！牛羊肝吸虫的漫长旅程就大功告成了！

这对肝吸虫来说当然是相当顺利，可蚂蚁就遭了殃，它们会死掉，羊也难逃噩运。因为肝吸虫会让羊生病，甚至残酷而痛苦地死去。不仅是羊，遭受牛羊肝吸虫折磨的马、牛和其他食草动物也都会死去。

大自然万岁？

这只是肝吸虫的一种，还有其他的种类，比如有的肝吸虫会折磨鸟类。这些不起眼、渺小、令人讨厌的食粪虫的后代若要生存，就要让各种美好的动物死去。大自然万岁？不能这么说。大自然也意味着羊、小北极熊和海豹会

死，疾病和饥饿依旧存在。还有——还有更糟糕的——晚上你会被蚊子吵得睡不着。

谋杀、抢劫和残酷，也是大自然中不可避免的。动物不会长生不老。这也很容易理解，最终它们都会死去。但是为什么要以这样残酷而痛苦的方式？所以大自然根本不是那么完美。我们自己也没有你想象的那么完美。你曾经受过打嗝之苦吧？不只是你，很多哺乳动物都深受其害。美国人查理斯·奥斯朋（Charles Osborne）打嗝时间最长：他一生六十八年竟然都在打嗝！教皇庇护十二世（Pius XII）甚至死于打嗝。这个奇怪的症状有什么用？嗯，打嗝并没有什么用。但是我们知道为什么会打嗝——正是因为我们的祖先是鱼类。

为什么鲨鱼从来不打嗝，而我们会打嗝？

有些事情根本不需要去思考。比如呼吸就是无意识的。这样很好。想象一下，你参加一场困难的考试时，还要时刻想着"呼气、吸气"才能保证自己不会死掉。鱼类的呼吸也是无意识的。它们大脑的一部分负责呼吸，这样它们可以专注于更重要的事情。肺鱼和两栖动物也不需要刻意去呼吸。但是对它们来说，呼吸更危险。它们需要吸进氧气，但是不能将水吸到肺里。因而它们有一种专门的神经，负责在水接近肺部时赶紧关闭气管。我们从两栖动物那里遗传到了这种神经，即使我们不常潜入水中。

我们通过腹部的某个部分，也就是膈肌上下活动来呼吸。在我们身上，这根神经从大脑一直延伸到了我们的肚脐。这个神经一旦被触

动，就会短暂地将我们的喉咙封住。这和两栖动物防止水进入它们肺部时的反应一样。但是在我们身上就出现了打嗝的现象。打完第一个嗝后往往还会有更多的嗝。如果没到五个嗝就能停下来，那你很幸运。否则你的身体就会开启一种机制，使我们不停地打嗝。这样，打嗝能持续很久。问题是我们的"堵水神经"经常会受到刺激，因为它非常长。聪明的设计师一定会将其设计成从膈肌直接延伸到我们喉咙的短神经，这样它就不会那么频繁地给我们带来麻烦。鱼类的这根神经从它们的大脑延伸到鱼鳃，很短的一段，所以鲨鱼从来不会打嗝。

为什么我们会保留鱼的神经呢？

我们的神经能够完美地证明鱼类是我们的祖先。鱼类的神经是以一种最合理的方式存在的，即以最短的距离从身体的一个部位通往另一个部位。但是我们的祖先从鱼慢慢地进化成我们现在的身体结构。在这个过程中，我们的神经也变得越来越长，越来越复杂。有一根神经，从大脑一直延伸到喉咙。如果拿尺子量一下，两者之间大约距离十厘米，其实这根神经可不止这么长。因为这根神经先延伸到胸部，然后打了几个奇怪的结，才到达喉咙。不要以为我们人类这样就是最奇怪的了。长颈鹿的脖子长很多。它的这根神经一直穿过整个颈部，大约有五米长。当然，其实原本几厘米长就能够连接它的大脑和喉咙。

飞机制造工程师可以在某一天突然决定用喷气发动机来取代螺旋桨发动机。可是进化却不是这么简单。如果你要把一架螺旋桨飞机改造成喷气式飞机，而且在过渡过程中的每个阶段还能够良好地飞行（因为进化中每个过渡物种都得幸存），那么最终你会得到一个很奇怪的喷气飞机。请原谅我这么说，但是你我就和那个怪异的喷气飞机一样奇怪……

为什么我们会起鸡皮疙瘩？

大自然里有更多奇奇怪怪的东西。洞螈有眼睛，虽然它们生活在黑暗的洞穴里，根本见不到光。那它们为什么还长眼睛呢？长眼睛只会带来麻烦。眼睛会消耗能量，而且容易引起疾病。但是洞螈还是长了眼睛，因为它们是蜥蜴的后代，而蜥蜴生活在光亮中。

我们感觉冷的时候就会起鸡皮疙瘩。这完全没有什么意义。那我们为什么还会这样呢？因为我们源自有皮毛的动物。它们把自己的毛发竖起时就会更保暖。每个撞到过自己尾骨的人都会问自己，为什么会有这个无用的东西。我们之所有保留尾骨是因为我们的祖先有尾巴。尾骨是那条尾巴的残留部分。

若是将大自然里无用的身体部分写一本书，那这本书会很厚很厚！

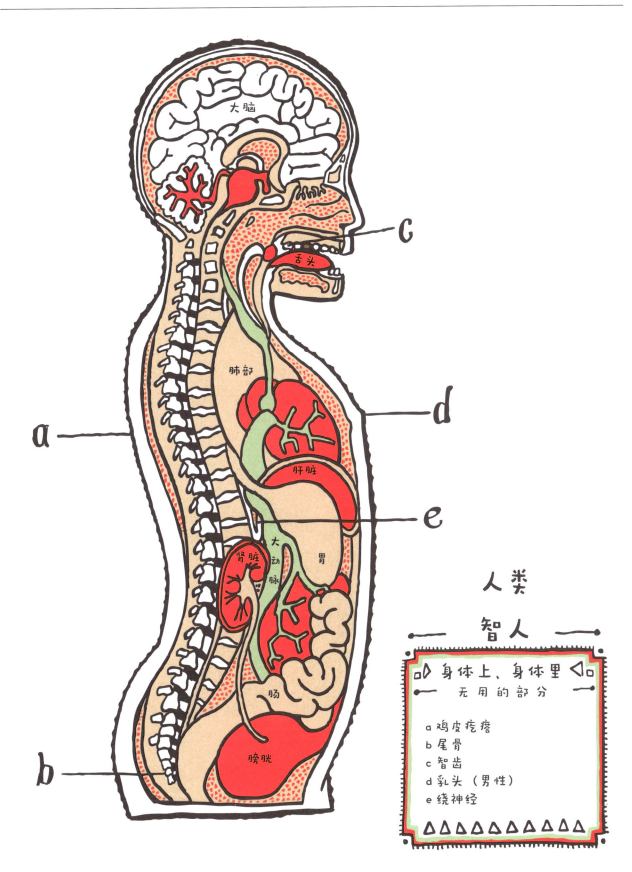

大脑

c

舌头

d

肺部

肝脏

e

肾脏

大动脉

胃

肠

膀胱

人类

智人

身体上、身体里

无用的部分

a 鸡皮疙瘩
b 尾骨
c 智齿
d 乳头（男性）
e 绕神经

a

b

"那么射炮步甲呢？或是眼睛？"

你一定感觉到了，我对进化论坚信不疑。我完全相信进化论，多年来从未怀疑过。但是当我第一次听说射炮步甲时，我便怀疑自己是不是错了。神创论者经常利用这种甲虫来证明达尔文是错误的。但是达尔文自己就曾经遇到过这种甲虫。

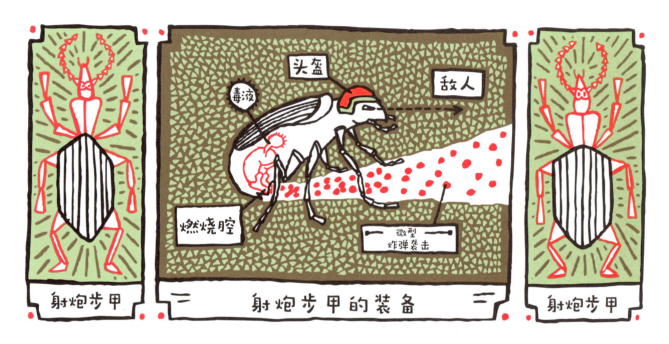

自带高射炮的甲虫存在吗？

达尔文收集广泛，他对自己收集的甲虫尤为自豪。每到一个地方，他就会收集新的甲虫带回家。他在日记里记录说他有一次碰到一个从没见过的美丽甲虫，这会是个漂亮的新收藏。他抓起这个甲虫，心满意足地继续前行。谁知几米之外，还有一只新甲虫，同样非常特别。他便用另外一只手去抓。不论你相不相信，他又走了一小段以后，竟发现了第三种甲虫。他双手分别已经拿了一只，又不想把新的虫子放到口袋里面，怕它闷死。于是，他把这只甲虫放到了嘴里！

达尔文刚把虫子放进去，就感觉甲虫好像在他嘴里爆炸了。他的嘴被严重烧伤，并有一种非常恶心的味道。达尔文很快把它吐了出来。此后他才知道那肯定是射炮步甲。射炮步甲是一种背部携带两种化学液体的甲虫。如果平安无事，这两种物质是完全分开的。不过一旦处于危险当中，它就会将尾巴对准敌人。两种化学物质混合，似乎产生了一场大爆炸。射炮步甲就会将大约 100 摄氏度的液体喷向敌人，使其暂时失明，然后趁机快速逃走。

射炮步甲的秘密是什么？

如果你和我就像一架奇怪的喷气发动机，那射炮步甲则是一个完美的典范。设想一下，如果这只小虫的构造有点不同……其中一种物质稍稍不一样，那么就不会产生爆炸，或者会发生更激烈的爆炸，整个虫子就会被炸飞。如果它身体里面的物质混合得太早或是太晚呢？这些都不会发生，射炮步甲的设计恰到好处。就像一门大炮正好击中你敌人头上的一只苹果，或是直接击中敌人的头部。如果你改变射炮步甲的身体，那么它就不能再正常运行。但是进化论表明动物曾经是不同的样子。那么射炮步甲是怎么演变过来的呢？你会说神创论者一比零赢了。

如果放进谜语书里，这会是一个有意思的谜题。但是你还没有足够的证据来解答。你需要了解很多种甲虫。到底多少种，我们也不知道。地球上至少存在着三万种甲虫，也许甚至有五万种。你还需要知道射炮步甲背上的两种物质并不是很独特。它们存在于甲虫伪装自己的染料里。而且这些材料也被作为它另外的防御手段。它们发出可怕的臭气，因此几乎没有动物愿意吃这样恶心的甲虫。

为什么射炮步甲正是进化论的证明？

如果把射炮步甲的视频片段慢动作播放，就可以看到爆炸并不是发生在甲虫的小身体里面。甲虫将物质通过一系列数百个微型"炸弹"放射出去。直到离开甲虫身体，这些物质才互相接触，开始燃烧。但是最重要的是，有的甲虫发射炸弹的水平要低很多。不像射炮步甲喷射那么精准的炸弹，它们从体内喷出的只是一些满是泡沫的黏糊糊的东西，但这也足以让蜘蛛或是鸟类面露厌恶地敬而远之了。这样的爆炸功能很好，但也不是甲虫幸存所必需的。没有这一功能的其他成千上万的物种也没有都灭绝。所以可以有很多中间形式的动物，最终演变出奇妙的射炮步甲。这里科学家们将比分追成了一比一。

最有意思的是，科学家们认为射炮步甲恰恰可以证明神创论者的故事不成立。根据《圣经》，地球的起源是一个乐园。里面没有猎食其他动物的掠食者，大家都很快乐地生活着。但是世界上的第一批人类亚当和夏娃，有一天违背上帝的意愿，摘下了一棵树上的苹果，结果带来了无尽的痛苦。上帝很生气，并为此惩罚世界上所有有生命的生物。天堂就这样不复存在。所有人类和动物需要经历痛苦和死亡，并且从那一刻起，出现了猎食其他动物的动物。这就是神创论者坚信的故事。

你在天堂中需要武器来做什么呢？

但是……为什么上帝要给射炮步甲装备这样的防御武器？天堂中没有掠食者，甲虫要用这样的高射炮来干吗呢？如果不会被吃掉，还需要防御手段干吗？《圣经》的故事因此也不能成立。最终比分：科学家们以二比一获胜。

你的眼睛有什么问题？

你有没有想过，为什么我们人类能看见？为什么我们可以将在几千米外发生的事情迅速传达到大脑，而且是彩色的图像？这都要感谢一个伟大的设备：眼睛。我们有两只眼睛，因而可以估算距离。

O   +

为什么我的眼睛这么好用？

我们的眼睛是技术的奇迹。眼睛有一个最重要的组成部分：视网膜，那是一层通过神经细胞将光的信息传递到我们大脑的感光细胞。眼睛安全地长在我们的头部，所有的光线都通过虹膜传输。虹膜中央其实是让光线通过的一个孔。但我们还有一个东西：晶状体。它让我们按意愿可以有时看到远处的物体，有时又看到近处的东西。在虹膜、晶状体和视网膜的完美协调下，我们不费吹灰之力就可以看清楚四周。眼睛有自动调节功能。眼眶四周的泪腺可以对眼睛持续清洁。眼皮就像雨刷。不需要再做什么，眼睛就可以完美地看见。不是吗？

我们的眼睛是怎么来的呢？

如何从不存在（第一批动物是完全无视力的）变出这样功能完美的眼睛？嗯，这很简单。我们可以从现存的动物种类中看出眼睛的进化过程，从老的物种到新的物种。有的水母只有一些感光细胞，只能感知光线。但这对它们来说，已经足够了。足以再幸存数亿年了。同样属于地球上第一批居民的扁虫，已经拥有了眼睛。但是它们的眼睛其实只是由一个平面的视网膜组成，没有晶状体，也没有虹膜，因此无法对焦。它们的眼睛看不见形状，但是能看见光线和运动的物体，足够感知敌人的到来。它们知道这一点就足够了。反正它们不需要读报纸。

也有既有视网膜、又有虹膜的动物。比如鹦鹉螺，和乌贼都属于头足纲动物。这种动物已经有和我们一样的球状眼睛，可以看到形状、光和移动，但它没有晶状体，得戴眼镜才能看清楚。哈，之后就有了我们人类的眼睛，有视网膜、虹膜和晶状体。就是这么简单，甚至简单到眼睛以不同的方式存在。比如昆虫有完全不同的眼睛，它们用上百个微小的带晶状体的小眼睛同时看。这样的眼睛的运作也非常良好。它们一定不会愿意和我们的眼睛交换。还有更多种类的眼睛运作极好。所以"看"非常特殊，却也极为寻常。

你怎么设计眼睛？

但是，我们的眼睛还有更多的学问。假如你要设计一台数码摄像机，里面有"视网膜"，还有"晶状体"和"虹膜"。但是也需要连接线来连到一台电脑，或是一台打印机上。你会怎样设计连接线的线路呢？连在"视网膜"和"虹膜"之间，这样挡着？或是在外面连接，就可以获得一个完美的图像？后面这种比较有可能，每个人都会这么选。但是我们的眼睛却不一样。我们的视觉画面被我们眼睛里面乱七八糟的小血管和神经蒙上了阴影，世界上没有一个设计师会这样设计眼睛。想出这样愚蠢的设计方案的设计师会被立马开除。

我们还有一个盲点。这是视网膜上神经通往大脑的连接点，处在一个非常不方便的位置。我们来做一个小测试吧。翻看前一页的图片，把头靠近书，闭上左眼，用右眼盯着图片中的小圆圈，慢慢地把头向后移动。在某个距离，你会发现加号消失了。

因为加号进入我们的盲点，所以消失了。如果是我们其他位置上的神经和我们的视网膜连接，那么就不会有这个问题了。

我们不能看到上帝吗？

我们的眼睛设计得有点奇怪，但是我们能够看得清楚，不是吗？是的。但是如果我们的眼睛能够设计得更好，我们就能看得更清楚。我们现在像是通过纱布朝外面望去。只有把纱布去除，你才知道能看到更多。进化论正好可以解释我们眼睛是怎么发展而来的，以及为什么其构造这么奇怪。如果上帝有意这样设计我们的眼睛，那么他就不希望我们看到太多。

眼睛和射炮步甲只是两个例子，初看似乎证明了它们是由上帝创造的，最终却成了进化而来的证据。还有很多这样的例子。但是如果你现在还在怀疑进化论，你可以跳过这本书的剩余部分了。虽然……这本书的剩下部分还有更多证明进化论的事例，而且会涉及还未解答的问题：我们人类从何而来？我们是怎么从第一批老鼠一样的哺乳动物发展成现在这样可以制造计算机的智能生物？发展成可以上天下海、甚至到过外星球的特殊动物物种？一种用望远镜和太空飞船认识宇宙的充满好奇心的生物。一种……邋遢大王。

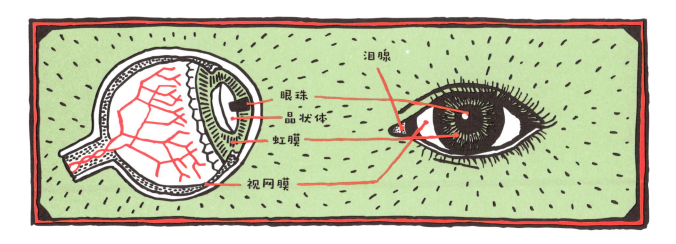

—— 第十一部分 ——

从鼠到人

我们的祖先是什么样子的？

　　先做一个模拟实验。假如邋遢大王尤斯·格罗杰斯发明了一种可以将人带入太空的火箭。他建了一个工厂，开始制造他的尤斯格罗一号火箭，获得了成功。他的儿子小尤斯·格罗杰斯，接手父亲的工作，对火箭进行了改进，作为尤斯格罗二号火箭推向市场。随后，小尤斯·格罗杰斯的兄弟贝尔特·格罗杰斯也开始建自己的火箭工厂，他制造可以在空间中运输物品的火箭，取名为贝尔格罗一号。米可，也就是小尤斯·格罗杰斯和贝尔特的姐妹，则制作了比赛火箭，取名为米格罗一号。

　　之后，小尤斯·格罗杰斯、贝尔特·格罗杰斯和米可的孩子们也开始建造自己的火箭厂。他们有的人进一步优化自己父母的火箭，有的则对火箭进行其他方面的改造。例如贝尔特的女儿将运输火箭改造成空间容量更大的火箭，而她的兄弟则对原有火箭进行了加速处理。米可的儿子制造出超级豪华的比赛火箭，他姐妹则将火箭优化成更适合于参加远距离赛程比赛的火箭。就这样过去了几百年。每个孩子都对父母的火箭进行了不同程度的优化或改进。到后来就出现了贝尔格罗 27A 豪华升级版涡轮号：一个速度极快、外观极其现代化、非常适合远距离小型运输的火箭。

你最有可能是从哪种动物演变过来的？

这个故事和进化有什么关系呢？其实，这就是进化。那些小孩都是邋遢大王的后代，而且他们的火箭也各不相同。你可以将这些火箭和我们的 DNA 相比较。如果看到一个叫贝尔格罗的火箭，那么你就知道火箭的制造者的祖先是一个叫贝尔特·格罗杰斯的人。DNA 也是这样的，你可以将一些物种和他们的祖先精确地匹配起来。随着时间的推移，越往后制造的火箭和邋遢大王制造的第一个火箭差异就越大，这同样也适用于 DNA。尽管差异很大，但我们依旧可以准确地判断出谁是谁的祖先，哪些物种属于同一个家族。

用同样的方式，我们可以准确地追溯我们自己的祖先。我们可以推断出与人类最相近的祖先是黑猩猩和倭黑猩猩。再继续往前追溯的话，就会发现我们和大猩猩有着相同的祖先。再往前是红毛猩猩，继续往前是长臂猿。这些都是类人猿。如果还要接着往前，我们会找到更小的猿类和半人半猿，比如环尾狐猴。接着，我们还会发现，我们源自与我们形态很不一样的哺乳动物，比如松鼠这样的啮齿动物。当然，你可以继续往前追溯下去。

我们为什么对自己祖先了解甚少？

DNA 虽然让我们了解到人类与哪种动物亲属关系最近，却不能告诉我们人类的祖先究竟长什么样。我们的祖先并不是倭黑猩猩或者大猩猩，而是另外一种已经灭亡很久的猿类动物。要想复原我们祖先的长相，就要研究它们的化石。那些来自远古的牙齿和骨骼化石，可以帮助我们了解遥远的过去。

你现在可以在任何墓地发现人骨，也可以在大概二十万年前发现人骨。时间再往前推移的话，一般只能发现人亚科的骨头。继续往前的话，你不仅不能找到人亚科的骨头，而只能找到猿类的骨头。时间越往前推移，这些猿类体型越小。直到你找到那些最像松鼠科动物的骨头。也许你还会找到小型鼠科哺乳动物，它们生活在恐龙时代。

这听起来很富有逻辑且一目了然，不过在现实中其实非常混乱，原因在于很多化石还没有找到。因为我们远古的祖先生活在丛林里面，并变成了掠食者的腹中之物。假设一开始他们被一群狮子用下颌嚼碎，然后进入它们的胃里，最后在不同的地方被排泄出来，这样就不可能有完好的化石。或许他们也有少许会安详地在睡梦中死去，但其最后的命运仍是被丛林中各种各样的食腐动物吃光，这样也变成不了化石。只有在寂静且满是泥泞的水潭里死去，才有可能成为完好的化石。或者在一片广阔且十分干燥的沙漠里被一层厚厚的沙子盖住。这两件事发生的概率都极小，但这样的化石确实是存在的。

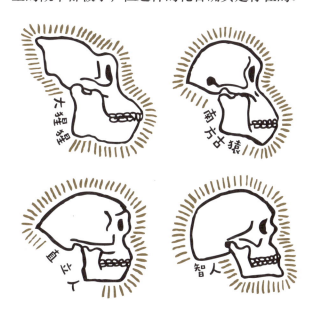

我们的祖先是露西吗？

所以，关于我们祖先的化石发现得少之又少。还有一个问题就是，我们发现了太多种类的化石，而关于鼠科哺乳动物从猿向类人猿和人进化的过程却没有明确的标志。不，我们发现了许多与我们有很大差异的人亚科动物的头骨和骨头，但这些又不属于猿类。它们会是我们的祖先吗？这个问题很难回答。考古学家在 1973 年发现了一具来自三百二十万年前的女性化石。他们给这个化石取名为露西，原因是研究者们在营地中用磁带录音机反复播放披头士乐队的《露西在缀满钻石的天空》（Lucy in the Sky with Diamonds）这首歌。露西（以及之后被发现的她的同伴）身长大概一米多，她有像黑猩猩一样的肋骨及很长的手指和胳膊，和现在所有的猿一样。此外，她的大脑很小。但是露西却能够像现代人一样直立行走。

可问题又来了：第一，为什么科考队员仅仅凭几块骨头就知道露西能够直立行走？第二，为什么直立行走如此重要？

露西通过了《行魅天下》①选秀节目的初选

---

① 参考美国选秀节目《舞魅天下》。

我们如何根据动物的头骨知道它们是否能够直立行走？

古生物学家对只能找到小块的半腐烂遗骸已经习以为常了，因此哪怕只找到一块最小的骨头他们都非常满意了。因为那上面已经包含了很多信息。骨头的长度、厚度，以及其所处的地层，全部是组成我们过去拼图的额外碎片。而且一块骨头常常可以当两块用。找到左手拇指的一小块骨头，你便知道右手拇指长什么样：这两个拇指当然是相同的，仅仅相反而已。这适用于我们所有对称的骨头。骨骼碎片也带着双重信息。同样，如果发现了左头颅的一小块骨头，那么就可以知道右头颅长什么样。因此，只要能找到整个躯体的左半部分，就能完整地知道这整个躯体长什么样。

然而一块骨头所拥有的信息远远不止这些。有着很长肢体的人，也有着很长的骨头。有着结实肌肉的人，则需要厚重的骨头。想象一下，当你有着强壮的肌肉，可以轻易举起 100 公斤的东西，而你的骨头却像牙签一样细小。这样的话，你的骨头会随即断裂。你可以从骨头的构成里看到肌肉是如何运动的，以及有多少块肌肉。从骨头的形状可以判断出一种动物是如何行走的，以及行走的姿态。你甚至可以从他头骨中推断出这些信息。在头骨的下方有缝隙。你的脊椎通过这些缝隙和头部相连接。对人来说，那些缝隙刚好在颅骨的正中间。我们直立行走，不需要通过头部来保持平衡。但是我们远古的祖先是通过四肢来行走的。向后坐下对他们来说更加方便。对于露西来说，她的脊椎刚好在颅骨的正中间。因此露西她们可能已经是直立行走了。

为什么直立行走这么重要？

在从猿进化到人的过程中，直立行走十分重要。如果我们现在还是用四肢爬行，那么就不可能像现在一样聪明。你现在可能想都不敢想去爬行 1 千米，走 1 千米却并不是什么问题。爬行需要费太大的劲、消耗很多的精力。如果必须爬行的话，那么你则会需要更多的食物。这对于习惯用四肢爬行的猿来说也是一样的。

除此之外，大脑越大，消耗的能量就更多。露西的大脑只有我们现在的四分之一。她近 10% 的能量都消耗在这里。对于人类来说，我们大脑消耗的能量甚至是露西的两倍之多，但是其他动物消耗的能量会少很多。因此，既要爬行又要有大的脑容量犹如鱼和熊掌不能兼得。如果这样，你需要找到大量的食物，这相当困难。如果你奔跑，则更容易捕猎到动物。猿类可以奔跑，甚至跑得很快，但是不能跑很久。跑上一小段路程之后，它们会筋疲力尽。而我们却可以持续奔跑好几个小时。当你打猎时，你正需要这样的耐力。有时你必须跑上好几千米才能找到猎物的足迹，然后你还必须花时间去捕捉它们。

为什么我们比祖先更聪明？

我们的祖先通过直立行走消耗更少的能量。这样他们不需要更多的食物，就能承担能量消耗巨大的大脑。随着大脑越来越大，他们也变得越来越聪明。于是他们开始制造武器、生产工具，比如矛、刀和其他工具。通过这些工具他们能够更好地打猎，得到更多动物的肉。这样他们也摄入了更多营养物，所以能够有一个更大的大脑，这些都是相辅相成的。我们的祖先能够很好地运用自己的大脑，因为他们生活在一个生存艰难的时期。谁更聪明，谁就有更大的机会找到更充足的食物，因而能够繁衍更多的后代。因此我们的祖先能够在相对短的时间内变得如此聪明。

现代类人猿还能变得像我们一样聪明吗?

森林古猿　　　南方古猿　　　直立人　　　尼安德特人　　　智人

　　类人猿也使用石头和树枝等工具,但这些工具仅仅是半成品。他们不能在所生活的环境中制造出斧头,但早期的原始人却可以。最聪明的类人猿是倭黑猩猩肯兹(Kanzi),它可以用某种特殊的符号语言和我们交谈。同时它可以向我们指出各种有独特意义的图片。当他按下"球""玩"和"肯兹"的按钮时,你就知道他想玩球。你还可以问他问题,他也会回答你的问题。肯兹认识几百个词,但是它能够理解的更多。它能猜谜语,还可以自己玩电脑游戏。它玩食豆小子游戏的水平比我还厉害。

　　但是制造工具呢?肯兹可能永远都学不会。哪怕你一步步展示用石头制造斧头的过程,它也学不会。同人类相比,倭黑猩猩大脑里缺失了一部分。正是这一部分让人类可以想出怎样用一块石头来击打另一块石头而磨出锋利的斧刃。就连露西也做不到。不过人们还是发现了约有两百九十万年历史的石器。

我们发现了哪些化石？

露西当然不是我们发现的唯一化石。在乍得的沙漠中，人们发现了最古老的带有人痕迹的化石：乍得沙赫人化石。它的头骨比猿的更大，并且看起来更像人类的头骨。它们肯定生活在六百万到七百万年前，但这些类人猿是我们的祖先之一吗？

在非洲，人们发现了很多一百五十万年前的匠人化石，"使用工具的原始人"。这些原始人大概有一米八高。他们有很长的腿和相对短的胳膊、脚趾和手指，就像现代人类一样。他们大脑的大小约是我们现在的三分之二。同时他们自己也会制造工具。但是它们是我们的祖先吗？

我们发现了更多的直立人化石，顾名思义，就是能直立行走的人。最古老的直立人标本有着和匠人一样大的大脑，且随着时间的推移他们的大脑越来越大，但还是没有现代人的大。他们大约一米八高且跑得很快。当然它们也会制造工具。那么他们是我们的祖先吗？

最终，我们终于发现了长得像现代人的原始人化石——尼安德特人。这些尼安德特人的身躯较小，却有着更强壮的肌肉，也更聪明（他们几乎可以在奥运会揽下所有项目的金牌）。他们的大脑比我们小一点，有的甚至和我们的差不多大。难道尼安德特人才是我们的祖先吗？

即使发现了这些化石，为什么我们还是知之甚少？

我们继续回到邋遢大王家族制造的火箭。你可以很轻而易举地画出它们的族谱，从邋遢

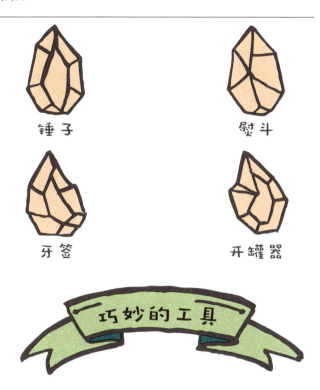

锤子　　　　熨斗

牙签　　　　开罐器

巧妙的工具

大王尤斯·格罗杰斯开始到小尤斯·格罗杰斯，同时又分出米可和贝尔特的两个分支。分支又不断地划分下去，最终形成一个完整的家谱。每一个分支都是邋遢大王的后代，但并不是每个分支都是米可的后代。比如，你碰到了贝尔格罗这种类型的火箭，你就知道它是贝尔特的后人而不是米可的后人制造的。

但对我们来说，画出一个完整的族谱却比这个还难。化石并不像火箭那样贴着"贝尔格罗"或"尤斯格罗"的标签。我们知道我们是某个原始人家族的遥远后代。但我们并不知道他们是不是我们的直系祖先。而且，我们也不能从一块化石就得出确切的推断。想象一下，未来的生物找到了有两个脚趾的人或者厄瓜多尔的侏儒人化石，也许他们会认为这些是完全不同的物种，而实际上他们就是普通的人类。或者他们会认为这就是地球上唯一的人种。由此可见，关于我们的过去，我们所知甚少。

科学家发现夏娃了吗？

　　尽管关于我们的过去仍然有许许多多未解之谜，但我们已经知道了许多有趣的东西。最古老的人类化石距今约十八万年。直立人化石距今大约三十万年到两百万年前，尼安德特人化石距今大约十八万年到三万年前。这些原始人（人亚科）在地球上都至少生存了一个世纪之久。它们会是我们的祖先吗？确实极有可能。人类也是从无颌类脊椎动物进化而来，同时这些无颌类脊椎动物也一直存在。由此可见，并不是我们祖先所属的物种都灭绝了。

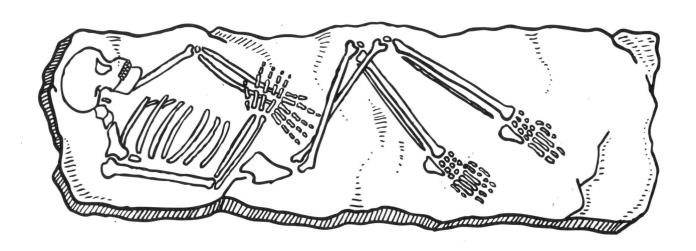

你有尼安德特人的血统吗？

　　我们知道，五十万年前到一百万年前的原始人化石基本都属于直立人。他们甚至可能是那个时期唯一生存的原始人类。那是一段很难存活的时期，有着许多气候灾难。在那个时期，很少有原始人能够幸存，有很多原始人都灭绝了。更有可能的是，那个时期我们人类并没有出现过。由于没有找到那个时期的其他化石，所以我们的祖先最有可能是直立人。除此之外，我们也知道现代人和尼安德特人生活在相同的区域。他们住得十分近，甚至共同繁殖了后代。

因此我们也有着尼安德特人的血液。

　　古生物学家的工作仍然没有结束。关于人类过去的未解之谜，古生物学家每年都会有新的发现。一些年前，科考队在印度尼西亚的弗洛勒斯岛发现了新人种弗洛勒斯人。他们直到近些年前都还活着，一万两千年前才灭绝。但他们看起来没有尼安德特人更像我们。他们的体型比我们的小很多，大脑也很小，却比类人猿聪明很多。他们的大脑是很小，但样子更像我们的。至于未来还会有哪些新的发现，我们拭目以待。但不管发现了哪类骨头，它们还是不能作为关于我们是谁的后代的确切证据。

夏娃曾经存在过？

幸好我们有 DNA。DNA 为我们提供了大量信息。来自美国伯克利大学的科学家们在几年前开启了一项新的研究。科学家们将数百人的 DNA 进行对比。这些 DNA 之间到底有什么不同？这些不同又能给我们什么启示？他们的结论引人注目。地球上生活的人的 DNA 在某种程度上都有极大相似之处。从肤色黝黑、身材健硕的非洲人到皮肤白皙、居住在北极的加拿大人——都是彼此的远房表亲。

除此，科学家还有一个大发现。人类的 DNA 差别是如此之小，甚至可以推测出地球上生活的所有的人都来自一个女人。这个女人大概在二十万年前生活在非洲。所以夏娃是否真的存在？这个问题很难回答。因为科学家曾经给她取名为夏娃，但她叫夏娃的概率微乎极微。但是《圣经》中的记载与之相反，这个女人并不是地球上唯一生活的人，她也有自己的父亲和母亲。

我们的后代会长成什么样呢？

我们对过去的了解微乎其微。那未来又会是什么样呢？我们能够预见几千年后的人都长什么样吗？到目前为止，我们的大脑已经变得越来越大，我们也变得越来越聪明。我们后代的后代的小孩会比我们更聪明吗？这都是不确定的。在夏娃的时代，如果你比其他人更聪明是一个巨大的优势，因为弱者并不会存活下来。而我们现在生活的时代，哪怕你不够聪明，也能生存下来，或许他们不可能成为教授或者是银行主管，但是也不至于死于饥荒。

在某种程度上，我们使用大脑甚至比以前还少。比如，我们使用计算机来计算；用导航仪来规划路线；或者可能再过一些年，都不需要学习外语，因为计算机可以立刻将它们翻译出来。可能我们的子孙们也会因此变得更笨。

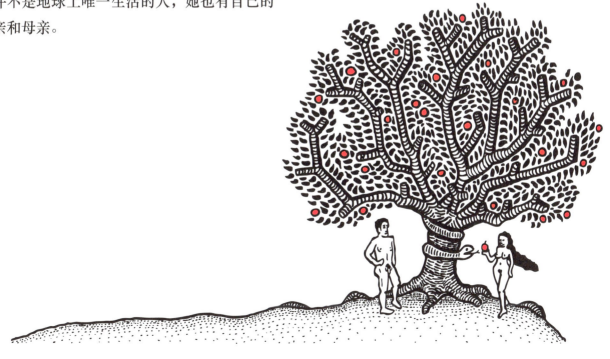

外太空可能存在生命吗？它们会长什么样呢？

这本书里，我们几乎只介绍了地球上的生物，现在把话题转移到外太空也许更有趣一些。其他星球的生命是怎样的呢？究竟是否有外星生物呢？它们长什么样呢？在数亿星系中，每个星系都有数以千亿计的星星，而每颗星星周边都围绕着不少行星。外太空有生命存在几乎毋庸置疑。更有意思的一个问题是——我们这些所谓的遥远的"邻居"究竟长什么样？根据生物学家的观点，外太空确实有些地方是值得讨论的。

如果这些外星生物存在于太阳系，那我们已经知道一点点了。在火星上，只有细菌样的生物生活或者生存过。那些绕着木星旋转的卫星则更有可能存在生命。这些卫星的表面覆盖着又厚又广的冰层。但在这些冰层的下面是一片被火山核加热过的汪洋。那里甚至存在着食物链：生产者、消费者、分解者和绿色植物。当然卫星上肯定会有一类重要的掠食者——一种白鲨的变体。其实就是一种很小的白鲨。因为卫星并不大，这里最大尺寸的白鲨也就和北海的虾一般大。

为什么外太空的生物都是肉食动物？

外太空的生命体很可能长得像虫子。几百万年来，虫状的生物一直成功地在地球上存活着。因此，这应该也同样适用于那些未知的星球，比如格洛克三号、知鲁特或者莱克斯普吉普特星球。这些星球如果有阳光，那就有可能出现眼睛，而且至少是两只眼睛。这样才方便观测深度和估算长度。群落或菌落协同生物群体也是很有可能存在的，比如蜜蜂和蚂蚁。

如果外太空的生物先发现我们，那么它们是食肉动物（即掠食者）的可能性很大。通常食肉动物比食草动物更聪明。一定是这样的，因为鹿或者羚羊在逃跑过程中总是会比花椰菜有更多的策略。食肉动物因此要更加敏捷，且更充分地发挥它们的智慧。所以我们要小心翼翼，不让外太空的生物把我们吃掉。

外太空的生物存活有一万年了吗？

有玻璃一样透明的血管，里面流着硫酸或氰化物的奇怪生物也是可能出现的。从长远的角度上，那些看似对我们地球有毒的物质，也可能成为我们今后重要的生存条件。甚至有可能出现像蓝鲸一样大的单细胞生物。在极度严寒的地区，化学反应会变慢。生活在那里的生物因此可以活得更久。如果有个老人住在冰川地区，你要是看到他在生日那天吹灭了一万根蜡烛，也不足为奇。

出现我们在地球上看到的那样拥有眼睛、器官、胳膊、皮肤或者毛皮的生物概率还是很大的。如果再次出现类似地球这样的星球，那里可能恰好会有像我们现在一样的生物存在。也许在遥远的某处居住着长得像里奥镇的邋遢大王那样的人，甚至也有可能那里有的人长得很像你……

后记

进化是一个很敏感的话题。科学家和一些激进的神创论者关于这个问题的讨论总是很激烈。你也许觉得我是站在科学家这一边，但并不是如此。

我当然并不认为地球在六天之内就被创造了，也不认为宇宙只有几千年的历史。我始终认为这是一个疯狂的想法：我们身边的东西是从空无一物而来！上帝是否真的存在？我也不知道。有许多比我聪明很多的科学家相信上帝的存在。他们为什么可以既相信上帝又相信进化论呢？我只能肯定一件事：我没有聪明到能回答你关于上帝是否真的存在的问题。但其实我觉得没有人能够回答。

接着研究吧。如果上帝真的存在的话，那么我们周围的东西都是来自哪里？它们是怎么到这里的？这个上帝确实存在的话，又是来自哪里？

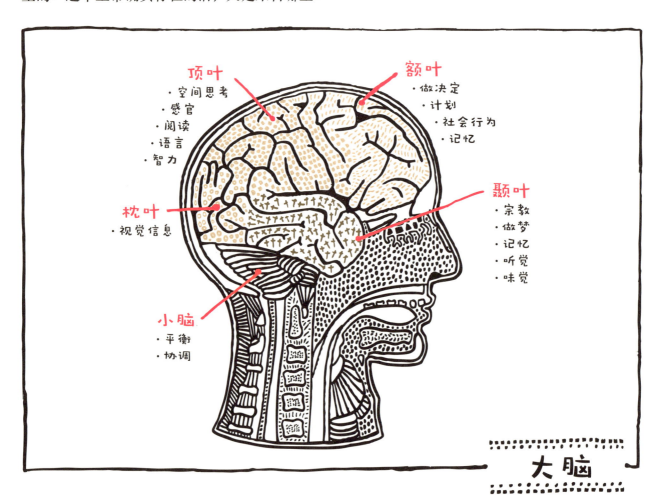

你可以从别人的大脑中看出他是否有宗教信仰？

我出生在有宗教信仰的家庭，直到现在脑子里还有残余。你可能会说，我的信仰存于心，而不存于大脑。然而，一个教授告诉我："信仰恰恰存在于你的大脑中。"他可以从一个人的大脑中看出这个人是否有宗教信仰。只有当你是信徒的时候，你大脑里的颞叶部分才会被激活。如果用电流刺激颞叶部分，那么不再相信上帝的人会再度变成信徒。显而易见，我有一个发展完好的颞叶。

尽管我没有丝毫质疑物种进化论，但是在写这本书的过程中，我一直在思索着科学家所说的是否都是正确的。现在，我开始阅读一些对科学理论存疑的文章，并时不时会读到神创论者的观点，这些人总是相信世界是上帝创造的。最特别的是他们很少在文章里说谎，他们陈述的基本都是事实。唯一一个问题就是他们给的信息不够全面，就像之前关于射炮步甲的那个章节。在神创论者的文章中，我从未读到过关于数百种背上有着相同易爆物质的甲虫的文章；我只读到过关于质疑物种进化的文章。虽然有一半是真的，但这始终还是一个大谎言。

科学家把数字隐藏了吗？

一些神创论者指责科学家扭曲和隐藏事实。但在我的研究过程中，我却没有发现这件事。更进一步而言，我发现很多没有宗教信仰的科学家，也宁可相信上帝的存在。想象一下，死后在天堂长生不老？听起来还挺好的，不是吗？再想象一下，你作为一个科学家，证明了上帝是真实存在的，就好像证明地球是绕着太阳转的。如果你可以做到的话，那你将得到永恒的荣誉和诺贝尔奖。但是这些证据还没被发现，也可能永远都不会被发现。

这些信息对我们有何用处？完全没有用。如果你对于上帝是否存在这个问题一直刨根问底，那么你应该继续寻找更多的信息，不管是从信徒的角度，还是从科学家的角度。接着你会选择你所要相信的，或者你还是一无所知。可能人们在发展过程中会越来越聪明，也可能我们的大脑不断进化，在未来最终能够弄清楚这个世界是否存在上帝。

著作权合同登记：图字 01–2020–2257 号

© 2013 text Jan Paul Schutten
© 2013 illustrations Floor Rieder
© 2013 Uitgeverij J.H. Gottmer/H.J.W.Becht bv, Haarlem, The Netherlands;
a division of the Gottmer Uitgeversgroep BV.
Originally published under the title:
Het raadsel van alles wat leeft: en de stinksokken van Jos Grootjes uit Driel

图书在版编目 (CIP) 数据

生命的秘密：从草履虫到达尔文 / (荷) 扬·保罗
·舒腾著；(荷) 弗洛尔·李德绘；王奕瑶译 . –– 北京：
人民文学出版社，2018（2021.3 重印）
　ISBN 978–7–02–014531–7

　Ⅰ . ①生… Ⅱ . ①扬… ②弗… ③王… Ⅲ . ①生命科
学 – 普及读物 Ⅳ . ① Q1–0

中国版本图书馆 CIP 数据核字（2018）第 189388 号

责任编辑　朱卫净　尚　飞　王雪纯
装帧设计　高静芳

出版发行　人民文学出版社
社　　址　北京市朝内大街 166 号
邮政编码　100705
网　　址　www.rw-cn.com
印　　制　上海利丰雅高印刷有限公司
经　　销　全国新华书店等
字　　数　220 千字
开　　本　889 毫米 ×1194 毫米　1/16
印　　张　10.25
版　　次　2019 年 6 月北京第 1 版
印　　次　2021 年 3 月第 6 次印刷
书　　号　978–7–02–014531–7
定　　价　168.00 元

如有印装质量问题，请与本社图书销售中心调换。电话：010-65233595